科技民生系列丛书

# 低碳智享生活

中国科协学会服务中心　主编
中国标准化协会　编著

中国科学技术出版社
·北　京·

图书在版编目（CIP）数据

低碳智享生活 / 中国科协学会服务中心主编；中国
标准化协会编著 . -- 北京：中国科学技术出版社，
2023.4

（科技民生系列丛书）

ISBN 978-7-5046-9783-7

I. ①低… II. ①中… ②中… III. ①节能－基本知
识 IV. ① TK01

中国版本图书馆 CIP 数据核字（2022）第 217309 号

| | | |
|---|---|---|
| 策划编辑 | 符晓静　冯建刚 | |
| 责任编辑 | 李　洁　齐　放　史朋飞 | |
| 正文设计 | 中文天地 | |
| 封面设计 | 红杉林文化 | |
| 责任校对 | 焦　宁 | |
| 责任印制 | 徐　飞 | |

| | | |
|---|---|---|
| 出　　版 | 中国科学技术出版社 | |
| 发　　行 | 中国科学技术出版社有限公司发行部 | |
| 地　　址 | 北京市海淀区中关村南大街 16 号 | |
| 邮　　编 | 100081 | |
| 发行电话 | 010-62173865 | |
| 传　　真 | 010-62173081 | |
| 网　　址 | http://www.cspbooks.com.cn | |

| | | |
|---|---|---|
| 开　　本 | 710mm×1000mm　1/16 | |
| 字　　数 | 141 千字 | |
| 印　　张 | 9.5 | |
| 版　　次 | 2023 年 4 月第 1 版 | |
| 印　　次 | 2023 年 4 月第 1 次印刷 | |
| 印　　刷 | 北京博海升彩色印刷有限公司 | |
| 书　　号 | ISBN 978-7-5046-9783-7 / TK·27 | |
| 定　　价 | 68.00 元 | |

（凡购买本社图书，如有缺页、倒页、脱页者，本社发行部负责调换）

# 丛书策划组

总　策　划　吕昭平　张桂华

策　　　划　刘兴平　申金升　刘亚东　王　婷　张利洁　李　芳

执　　　行　任事平　李肖建　刘　欣　唐思勤　闫　爽　马睿乾
　　　　　　解　锋

---

# 本书编写组

组　　　长　高建忠　曲宗峰

副　组　长　焦利敏　赵临斌　郑燕峰　王滨后　于彩灵

成　　　员　胡亚欣　段彦芳　李红伟　师　伟　亓　新　朱文印
　　　　　　李　进　吴相科　全　红　冯长卿　刘冬阳　魏明然
　　　　　　马晓玉

# 丛书序

## 科技工作永葆初心　人民生活赖之以好

习近平总书记在党的十九大报告中指出，中国共产党人的初心和使命，就是为中国人民谋幸福，为中华民族谋复兴。"靡不有初，鲜克有终。"实现中华民族伟大复兴，需要一代又一代人为之努力。初心和使命正是激励人们不断前进、不断取得事业成功的根本动力。总书记在"科技三会"上提出，"科技是国之利器，国家赖之以强，企业赖之以赢，人民生活赖之以好。中国要强，中国人民生活要好，必须有强大科技。"这不仅是新时代对科技工作提出的要求，更是广大科技工作者投身科技事业的初心。

作为科技工作者的群众组织，中国科协自 1958 年正式成立以来，在近六十年的发展历程中，一直将人民群众的需求、参与和支持作为事业发展的基础。科技事业是人民的事业，人民群众的支持就是科协事业发展的根本动力，人民群众的需求就是科协工作的主要方向，人民群众的参与就是科协工作的坚实基础。在党中央、国务院的正确领导下，中国科协不断健全组织、壮大队伍，通过各级学会和科协各级组织团结带领广大科技工作者围绕中心、服务大局，在推动改革开放、实施科教兴国战略和人才强国战略、建设创新型国家方面做出了应有的贡献。

当前，中国特色社会主义已进入了新时代。随着经济社会不断发展，我国社会主要矛盾已经转化为人民日益增长的美好生活需要和不平衡不充分的发展之间的矛盾，这对科技工作提出了新任务新要求，需要科技创新在推动解决发展不平衡不充分方面发挥更大作用，提高社会发展水平，改善人民生活，提高全民科学素养。科技工作者更要积极行动起来，认清新时代新变化新任务新使命：让科技更好惠及民生、创造人民美好生活。科技的发展承载着 13 亿多中国人民对美好生活的憧憬和向往。科学研究既要追求知识和真理，也要服务于经济社会发展和广大人民群众，要想人民之所想、急人民之所急，将人民的需要和呼唤作为科技工作的动力和方向。为人民创造美好生活，必须牢牢抓住并下大力气解决人民最关心最直接最现实的问题，必须多谋民生之利、多解民生之忧，必须始终把人民利益摆在至高无上的地位，让科技发展成果更多更彻底惠及全体人民。

为深入贯彻党的十九大精神和习近平总书记在"科技三会"上的重要讲话精神，中国科协学会服务中心组织动员中国科协所属全国学会、协会、研究会，发挥科技社团专家的群体智慧和专业优势，编撰出版了《科技民生系列丛书》。这套丛书针对广大社会公众关切的热点和焦点问题，发出科技界的最新认识和回应，让科学知识走进千家万户，让科技成果服务广大公众。在编写过程中，我们深深感觉到，科技不是万能的，限于科技发展的客观水平，当前很多民生关切问题，科学技术还不能提供完美的解决方案。所以，这套丛书出版，不仅是向公众展示科技界已经取得的成绩，更是科技界继续奋斗解决民众关注问题的一份誓言书。我们希望能够不断满足人民日益增长的美好生活需要，使人民获得感、幸福感、安全感更加充实，更有保障，更可持续。

中国科协学会服务中心

2017 年 12 月

# 本书序

2020 年 9 月 22 日，习近平总书记在第七十五届联合国大会一般性辩论上发表重要讲话并强调，中国将提高国家自主贡献力度，采取更加有力的政策和措施，二氧化碳排放力争于 2030 年前达到峰值，努力争取 2060 年前实现碳中和。

2022 年 10 月，中共中央总书记、国家主席、中央军委主席习近平在党的二十大上作的报告中对碳达峰、碳中和做出了进一步部署："推动经济社会发展绿色化、低碳化是实现高质量发展的关键环节""完善支持绿色发展的财税、金融、投资、价格政策和标准体系，发展绿色低碳产业，健全资源环境要素市场化配置体系，加快节能降碳先进技术研发和推广应用，倡导绿色消费，推动形成绿色低碳的生产方式和生活方式""积极稳妥推进碳达峰碳中和"。

碳达峰是指在某一时间节点，二氧化碳的排放不再增长，达到峰值之后逐步降低。碳中和是指国家、企业、产品、活动或个人在一定时间内直接或间接产生的二氧化碳或温室气体排放总量，通过植树造林、节能减排等形式，以抵消自身产生的二氧化碳或温室气体排放量，实现正负抵消，达到相对"零排放"。

2021 年中央经济工作会议将做好"碳达峰""碳中和"工作作为 2021 年八大重点任务之一，要求抓紧制定 2030 年前碳排放达峰行动方案，支持有条件的地方率先达峰，加快调整优化产业结构、能源结构。

2021 年 1 月，国家发改委举行新闻发布会。在回答记者关于"如何围绕实现碳达峰、碳中和的中长期目标制定并实施相关保障措施"的问题时表示，国家发改委将坚决贯彻落实党中央、国务院决策部署，抓紧研究出台相关政策措施，积极推动经济绿色低碳转型和可持续发展。其中提到：一是大力调整能源结构。推动能源数字化和智能化发展，加快提升能源产业链智能化水平。二是着力提升能源利用效率。完善能源消费双控制度，严格控制能耗强度，合理控制能源消费总量，建立健全用能预算等管理制度，推动能源资源高效配置、高效利用。继续深入推进工业、建筑、交通、公共机构等重点领域节能，着力提升新基建能效水平。三是加速低碳技术研发推广。坚持以市场为导向，更大力度推进节能低碳技术研发推广应用，加快推进规模化储能、氢能、碳捕集利用与封存等技术发展，推动数字化信息化技术在节能、清洁能源领域的创新融合。

过去我国习惯采用产业结构划分碳排放量的多少，其中第二产业工业碳排放量最多。与我国不同，欧美各国则更强调人类居住的耗能和碳排放量，是按照电力、交通和居住划分的。中国尽早实现二氧化碳排放峰值的实施路径研究课题组编制的《中国碳排放：尽早达峰》中给出绿色低碳发展消费端能源需求研究，划分方式结合了欧美的划分方式，是"自上而下"和"自下而上"相结合的方式，从需求侧划分消费社会能耗，将国内消费相关的能耗分为直接能源消费、快速消费品生产能耗、耐用消费品生产能耗、基础设施建设相关能耗。

据《中金：碳达峰、碳中和离不开消费端亿万民众的共同努力》报告显示，居民生活碳排放包含两方面，一方面是生活中的能源消耗造成的直接碳排放，另一方面是生活中进行的消费、购买的服务等造成的间接碳排放（依据碳足迹的概念，这部分碳排放也包含消费品生产过程中所产生的碳排放）。据此测算，我国居民生活碳排放量约占总排放量的 40%，而发达国家居民生活碳排放量占比为 60% ~ 80%。这表明随着人们生活水平的日益提升，居民生活碳排放量占比还有提升的可能性，倡导绿色生活方式势在必行。

广东工业大学朱雪梅教授等专家团队的研究表明，居民家庭碳排放中能源消费碳排放量（包括电、气和水的消费）所占比例近60%。家电产品是居民家庭电消费的主要产品，对中国碳达峰、碳中和目标的影响巨大。家电行业是《中国工程院制造强国战略研究》确认的八大竞争优势产业之一。我国家电产品产量占全球总产量的70%左右，因此，我们有责任、有义务立即行动起来，为中国达成碳达峰、碳中和目标做出应有的贡献。

数字化、智能化的应用，使家电进入智能时代，也使得一机多能、智能节能管理成为可能。智能时代"软件定义产品"，为同类结构、功能产品的集成提供了技术基础。例如：智能烹饪机器人，可以实现炖煮、焖烧、翻炒、香煎、基础料理等智能烹饪，将炒菜机、炖锅、电饭煲、蒸锅、豆浆机、酸奶机、榨汁机、绞肉机、打蛋机、电子秤、计时器等约15种烹饪工具集成在一起，通过运行智能软件，实现各自的功能。与原来分别制造15种烹饪工具相比，原材料端、生产端的碳排放量大大降低。同时，智能家电可利用大数据平台，实时了解智能家电的运行情况，智能开启/关闭设备运行，并利用大数据分析，推送节能方案、电力消耗情况等信息，随时智能节能、提醒用户节能。此外，智慧家庭场景类产品，可利用不同设备间智能联动，实现节能、舒适方案。

以下我们将通过介绍智能家居的由来、定义、节能省电方案、场景产品介绍、支撑基础技术、基础标准、认证标志等方面内容，向大众展示经实际应用的科技成果，同时希望大众对智能家居有新的认识，为今后大众从消费端助力我国实现碳达峰、碳中和目标提供路径，并为大众的美好生活需求提供可持续保障。

# 目录 Contents

## 第一章

# 智能家居是什么

　　智能家居是早在 20 世纪就出现的名词，近几十年来，随着物联网等相关技术的崛起而顺势发展。随着人们对提升生活品质的渴望、对实现美好生活的追求，智能家居在我们饮食起居中发挥的作用更是越来越被期待。对于我们普通百姓来说，家居，是再熟悉不过的生活伙伴，而对智能家居，除了广告中的一个空泛的词语，没有更进一步具象的理解了。那么，究竟什么是智能家居呢？这里将为你讲述它的前世今生。

## 第一节 | 智能家居的出现

　　智能家居的历史可能比你了解到的要早很多，只不过最初仅是在大洋彼岸的几个人的脑海里，而且当时被认为是天马行空的概念和想法。在近几十年技术的发展支撑下，智能家居才逐渐发展成型，展现在我们眼前。

### 一、智能家居的雏形

　　智能家居出现在 20 世纪 50 年代。美国密歇根州的埃米尔·马塞厄斯通过各种机械化工具和按钮实现了一部分的自动化家居设计。当时，作为一个如同天外来客般新出现的事物，在没有更多研究的基础上，人们展开了对智能家居的各种想象。如福特公司在 1967 年制作的影片《1999AD》中，便开始设计自己心目中的智能家居，包括网上购物、电子银行、电子邮件、智能烤箱等当时被认为是天马行空的想法。

　　之后的一段时间里，智能家居的发展都还是在一种探索与想象的过程中前进。真正让智能家居的概念系统规范地呈现在世人眼前的是 1984 年世界上第一栋智能建筑的出现：美国联合科技公司将建筑设备信息化、整合化等概念应用于美国康涅狄格州哈特福德市的城市建筑大楼。当时他们只是对一座旧式大楼进行了一定程度的改造，采用计算机系统对大楼的空调、电梯、照明等设备进行监测和控制，并提供语音通信、电子邮件和情报资料等方面的信息服务，便制造出了世界上首栋智能型建筑，形成了住宅自动化的概念，从此揭开了全世界智能家居发展的序幕。

　　1990 年，位于美国西北部华盛顿州的 IT 业奇才比尔·盖茨的豪宅——

"未来之屋"建成，这成为世界上第一个真正意义上的数字家居。"未来之屋"以其超乎想象的智能化和自动化，被视为人类未来生活的典范：主人在回家途中，浴缸已经自动放水调温；厕所里安装了一套检查身体的系统，如发现主人身体异常，电脑会立即发出警报；车道旁的一棵140岁的老枫树，主人可以对它进行24小时全方位监控，一旦监视系统发现它"渴"了，将释放适量的水来为它"解渴"；当有客人到来时，都会得到一个别针，只要将它别在衣服上，就会自动向房屋的计算机控制中心传达客人最喜欢的温度、电视节目和电影……

多年前，科技的客观条件决定了盖茨的"未来之屋"只能由其专享，而如今科技在发展，时代在改变，当初的限制条件正在不断被克服。比如"未来之屋"中当初48千米的电缆，现在只需一个通信模块就能轻松替代。我们的生活质量随着科技水平的提升在不断跃进，智能家居也走进普通家庭，真正的智能家居时代已经来临。

## 二、我国智能家居的发展历程

相较于国外，我国智能家居起步较晚，早年间智能家居的概念仅为少部分人所知，整个行业还处在产品认知、概念熟悉的阶段。在这个阶段，中国没有专业的智能家居制造商，只在深圳有一两家从事进口零售业务的公司代理销售美国 X-10 智能家居，而产品也多销售给居住在国内的欧美用户。

随着互联网的普及和信息技术的发展，家居生活进行了新一轮的产业概念革新，出现了智能电视、智能电冰箱、智能照明、家用机器人等产品，并迎来了传统的家电制造商（如海尔），以及互联网及通信企业（如科大讯飞）开始进行智能家居行业的布局，投入资金和人力进行平台和设备的研发活动，开始颠覆传统的家电行业格局，加速了中国智能家居产业的规模发展。

随着亚马逊、谷歌、华为、小米、海尔、美的、格力等行业巨头的入局，大数据、云计算、机器学习、区块链、数据孪生、5G、图像、语音交互、传感器等人工智能技术的飞速发展，智能家居的发展日新月异，中国智能家居相关专利的申请量充分说明其发展更为迅速。表 1-1 为 IPRdaily 中文网（iprdaily.cn）发布的"2020 年全球智慧家庭发明专利排行榜（TOP10）"。

表 1-1　2020 年全球智慧家庭发明专利排行榜（TOP10）

| 排名 | 申请者 | 专利数量 |
| --- | --- | --- |
| 1 | 海尔 | 2034 |
| 2 | 格力 | 1864 |
| 3 | 三星 | 1456 |
| 4 | LG | 1225 |
| 5 | 美的 | 1148 |
| 6 | 海信 | 461 |
| 7 | 苹果 | 397 |
| 8 | 三菱 | 349 |
| 9 | 小米 | 320 |
| 10 | 华为 | 316 |

资料来源：IPRdaily 中文网（iprdaily.cn）。

2019 年华为发布 Harmony OS 物联网操作系统、2020 年海尔发布"三翼鸟"物联网品牌，这些系统和品牌背后的技术都是中国智能家居市场发展的驱动力，华为、海尔、美的、格力、小米等企业纷纷完成了智能单品、智能场景、智慧家庭的多方案产品替代和进阶（图 1-1）。

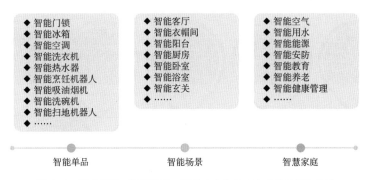

图 1-1　智能单品、智能场景、智慧家庭的多方案产品替代和进阶

整体来看，智能家居在我国的发展历程大致经过四个阶段。

第一阶段：萌芽期（1994—1999 年）。整个行业处在一个熟悉概念、认知产品的阶段，还没有出现专业的智能家居制造商。

第二阶段：开创期（2000—2005 年）。智能家居的市场营销、技术培训体系逐渐完善起来，此阶段，国外智能家居产品基本还未进入国内市场。

第三阶段：徘徊期（2006—2010 年）。2005 年以后，由于上一阶段智能家居企业的野蛮成长和恶性竞争，给智能家居行业带来了极大的负面影响，包括过分夸大智能家居的功能、产品性能不稳定等。行业用户、媒体开始质疑智能家居的实际效果，由原来的鼓吹变得谨慎，连续几年市场销售出现增长减缓甚至部分区域出现了销售额下降的现象。2005—2007 年，大约有 20 多家智能家居生产企业退出了这一市场。

第四阶段：融合演变期（2011 年至今）。2011 年以来，市场出现明显增长的势头，而且大的行业背景是房地产受到调控。智能家居的放量增长说明智能家居行业发展出现拐点，由徘徊期进入了新一轮的融合演变期。接下来的 3~5 年，智能家居一方面进入一个相对快速的发展阶段，另一方面协议与技术标准开始主动互通和融合。图 1-2 是中国智能家居行业发展大事记。

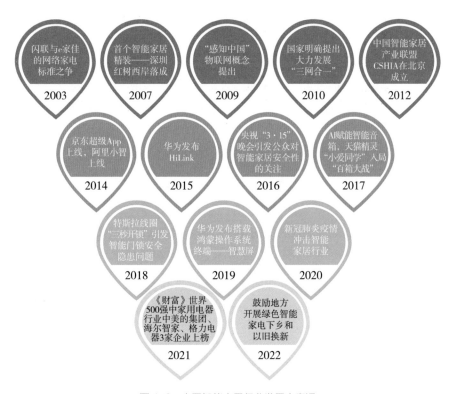

图 1-2　中国智能家居行业发展大事记

　　目前，智能家居逐渐被普通用户熟知和接受，消费端也逐步成熟。随着中国家庭消费水平的日益提高，消费者对智能产品的需求也从"价格导向"向"价值导向"转变，性价比已经不再是智能产品需求的唯一决定性因素，对产品品质和新科技功能的追求背后是消费升级理念的兴起。主力消费群体对生活环境和品质的要求，将使得便捷、舒适的智能家居普及程度进一步提高。据国家统计局公布的数据，2021 年第一季度国内生产总值 249310 亿元，按可比价格计算，同比增长 18.3%。分产业看，第一产业增加值 11332 亿元，同比增长 8.1%，两年平均增长 2.3%；第二产业增加值 92623 亿元，同比增长 24.4%，两年平均增长 6.0%；第三产业增加值 145355 亿元，同比增长 15.6%，两年平均增长 4.7%。2019 年年底，中国已成为全球最大的物联网市场，全球 15 亿台蜂窝网络连接设备中有 9.6 亿台来自中国，占比 64%。中国正在成为全球最大的智能家居消费国，占据全球 50%～60% 的智能家居市场消费份额，利润占据全球 20%～30% 的市场份额。

对智能家居的发展走势起到决定性影响的是智能家电产品，作为智能家居的核心组成要素，家电产品的智能化渗透率不断提高，数据显示，智能电视占比最大达 55%，智能空调、智能洗衣机、智能电冰箱，分别占比 24%、10%、6%（图 1-3）。

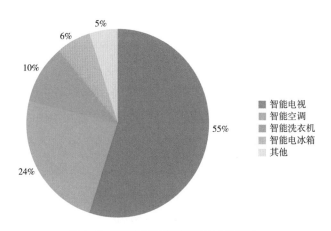

图 1-3 我国智能家电市场份额占比情况
资料来源：中商情报网 www.askci.com。

中国作为全球家电产能基地之一，2019 年，我国家电行业的出口规模达 3034 亿元，同比微增 0.9%。2020 年新冠肺炎疫情肆虐全球，海外居家生活时间延长，提升了海外市场对家电产品的需求。2020 年我国家电行业的出口量达 338997 万台，同比增长 14.2%，出口额达 661.28 亿美元，同比增长

23.5%。据海关总署公布数据显示，2021年我国家用电器出口量为387356万台（图1-4），同比增长10.1%，出口额为63824316万元，同比增长14.1%。

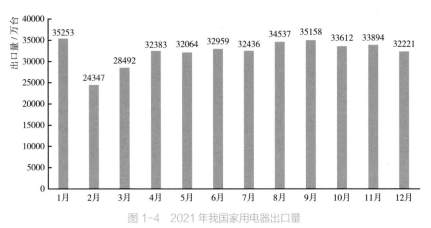

图1-4　2021年我国家用电器出口量

数据来源：中商产业研究院大数据库。

### 三、智能家居的发展动力

2021年3月，《中华人民共和国国民经济和社会发展第十四个五年规划和2035年远景目标纲要》正式发布，其中第十六章提出加快数字社会建设步伐，构筑美好数字生活新图景，推动购物消费、居民生活、旅游休闲、交通出行等各类场景数字化，打造智慧共享、和睦共治的新型数字生活。"数字化应用场景"提出了智慧家居——应用感应控制、语音控制、远程控制等技术手段，发展智能家电、智能照明、智能安防监控、智能音箱、新型穿戴设备、服务机器人等。

2021年4月6日，住房和城乡建设部等16部门印发《关于加快发展数字家庭　提高居住品质的指导意见》【建标〔2021〕28号】（以下简称《意见》），明确了数字家庭定义和服务功能，提出强化数字家庭工程设施建设。数字家庭是以住宅为载体，利用物联网、云计算、大数据、移动通信、人工智能等新一代信息技术，实现系统平台、家居产品的互联互通，满足用户信息获取和使用的数字化家庭生活服务系统。
《意见》明确指出："满足居民获得家居产品
智能化服务的需求。包括居民更加便利地管
理和控制智能家居产品，智能家居产品与
家居环境的感知与互动，防范非法入侵、不
明人员来访，居民用电、用火、用气、用
水安全，以及节能控制、环境与健康监测
等""强化智能产品在住宅中的设置。对新

建全装修住宅，明确户内设置楼宇对讲、入侵报警、火灾自动报警等基本智
能产品要求；鼓励设置健康、舒适、节能类智能家居产品；鼓励预留居家异
常行为监控、紧急呼叫、健康管理等适老化智能产品的设置条件。鼓励既有
住宅参照新建住宅设置智能产品，并对门窗、遮阳、照明等传统家居建材产
品进行电动化、数字化、网络化改造。"

　　2021 年政策的密集发布可能让民众有种应接不暇的感觉，但对于智能家
居行业来说，这个政策的整体导向并不突然，因为早在 2016 年、2017 年就
有相关政策导向的趋势，主要政策的简单汇总见表 1-2。

表 1-2　智能家居政策汇总表

| 序号 | 时间 | 发布单位 | 文件名称 | 关键词 |
|---|---|---|---|---|
| 1 | 2016 年 9 月 | 国务院办公厅 | 《关于印发消费品标准和质量提升规划（2016—2020 年）的通知》 | 智能家居 |
| 2 | 2017 年 8 月 | 国务院 | 《关于进一步扩大和升级信息消费持续释放内需潜力的指导意见》 | 数字家庭、智能家居 |
| 3 | 2021 年 3 月 | 国务院 | 《中华人民共和国国民经济和社会发展第十四个五年规划和 2035 年远景目标纲要》 | 数字家庭、智能家电 |
| 4 | 2021 年 4 月 | 住房和城乡建设部等 16 部委 | 《关于加快发展数字家庭　提高居住品质的指导意见》 | 数字家庭 |

　　智能家居正是利用科技手段改变民生的典型实例，所有政策都是基

于技术的发展和人民大众的生活需求，其根本目的是为人民的美好生活服务。试想一下，每个女孩子拥有一面"魔镜"，从洗脸开始就能收听生活资讯、天气预报、查询路况，同时可以进行健康数据监测，能让你从"睡美人"瞬间变身成都市丽人；对于男性而言，仅需一键即可安排投屏、关窗帘、光影特效和音乐，充分满足其对科技感的追求；对于家中的小孩，智能电视内容也会自动倾向孩子的学习；对于老年人，一张智能床垫能实时监测他们晚间的睡眠质量、心率等。这些场景是不是经常出现在我们口中的"如果×××就好了"，而当人们发现智能家居可轻而易举提供这些便利，解决生活起居、娱乐健康的需求后，便会欣然接纳其进入我们的生活。

当然，智能家居能有如今的发展势头，除了政策的推动，还离不开另外一只有力的"推手"——人工智能技术。

我国智能家电行业的发展源于我国人工智能技术的发展以及在家电领域的应用。20世纪80年代，随着微处理器的广泛应用，使电器及其装置具备了自动诊断和记忆功能，自动化程度及可靠性有了较大提高。进入20世纪90年代以来，随着通信技术和网络技术的不断发展，网络化和通信化成为智能家电的发展趋势。表1-3为我国智能家电行业技术发展简史。

智能家居背后支撑的技术种类繁多，但最根本的还是物联网、云计算、大数据、人工智能这4项技术，它们之间既有技术方向上的差异，又具有融合趋势。

物联网，是物物相连的互联网。我们目前的日常生活中也经常会与物联网技术有交集，通过物联网，我们可以对机器、设备、人员进行集中管理、控制，以及搜索人和物体的位置、状态和信息等，以各种设备为端口，收集到各种类型的数据，类似人感知外界的一切器官。这些数据的汇总，就会聚集成大数据，所以说，物联网是基础，它负责收集数据。

表 1-3 我国智能家电行业技术发展简史

| 阶段 | 技术水平 | 电器智能化水平 |
|------|----------|----------------|
| 第一阶段 | 简单微处理器引入家电 | 20 世纪 80 年代，随着微处理器的广泛应用，电器及其装置具备了自动诊断和记忆功能，比如咖啡机拥有了自动断电功能 |
| 第二阶段 | 模糊控制技术开始应用 | 随着智能家电的进一步发展，出现模糊控制的智能家电。比如具有模糊逻辑思维的电饭煲、变频空调、全自动洗衣机、全自动咖啡机等 |
| 第三阶段 | 神经网络技术应用于家电 | 模糊逻辑控制缺乏学习能力，智能家电的深入必然要求具有清晰的自学能力。比如 Tassimo 出的一款胶囊机就采用了神经网络技术，有对不同胶囊咖啡的识别能力，从而控制煮咖啡的时间和温度 |
| 第四阶段 | 通信化和网络化 | 随着通信技术和网络技术的发展，特别是我国"三网融合""智能电网"以及"光纤入户"政策的实施，智能家电产品进入通信化和网络化 |
| 第五阶段 | 云云互通化 | 随着家电技术标准和互联网技术的发展，不同家电品牌实现互联互通将成为必然趋势，这也成了当前我国互联网企业和智能家电企业努力的方向 |

　　云计算是一个计算、存储、通信工具，物联网、大数据和人工智能必须依托云计算的分布式处理、分布式数据库和云存储、虚拟化技术才能形成行业级应用。云计算相当于人的大脑，是物联网的神经中枢。目前很多物联网的服务器部署在云端，通过云计算提供应用层的各项服务。云计算可以认为包括以下几个层次的服务：基础设施即服务（IaaS），平台即服务（PaaS）和软件即服务（SaaS）。

　　大数据是在获取、管理、分析方面大大超出传统数据库软件工具能力范围的数据集合，具有海量的数据规模、快速的数据流转、多样的数据类型和价值密度低四大特征。大数据相当于人的大脑从小学到大学记忆和存储的海量知识，这些知识只有通过消化、吸收、再造才能创造出更大的价值。

　　人工智能是研究使计算机来模拟人的某些思维过程和智能行为（如学习、推理、思考、规划等）的学科，主要包括计算机实现智能的原理、制造类似于人脑智能的计算机，使计算机能实现更高层次的应用。人工智能涉及计算机科学、心理学、哲学和语言学等多个学科，夸张一点说，它几乎涉及了自然科学和社会科学的所有学科，其范围已远远超出计算机科学的范畴。人工智能相当于我们人类的大脑，通过学习、推理、思考和逻辑计算，想用户所想、为用户所为。

# 第二节　智能家居的概念

上文一直在讲智能家居，到底什么是"智能家居"，是否有明确的定义？其实智能家居就是一把钥匙，一把开启智慧生活的"金钥匙"。让我们用专业规范的定义，揭开智能家居的神秘面纱。

## 一、智能家居的定义

先来看看目前对智能家居的权威定义。国家标准 GB/T 28219—2018《智能家用电器通用技术要求》中给出的定义是：智能家居是建立在住宅基础上的，基于人们对家居生活的安全性、实用性、便捷性、舒适性、环保节能等更高的综合需求，由一个或一个以上智能家电组成的家居设施及其管理系统。从定义上来看，智能家居是为满足人们对家居生活的安全性、实用性、便捷性、舒适性、环保节能等更高的综合需求，并且利用智能化技术，使之具备智能化能力的物理产品的集成和连接。智能家居由软件系统（平台）和硬件智能设施等组成，智能设施包括智能家电（家居）、传感器等。因此，智能家居是实现智慧生活的重要的软、硬件载体，其构成见图 1-5。

图 1-5　智能家居的构成

　　上述专业术语可能不便于读者理解，这里将传统家居和智能家居两者进行对比以期更好地表述。传统家居存在于传统家庭生活中，而智能家居则应用于智慧生活。传统的衣柜只有一个存放衣物的功能，但智能衣柜除了基本的存储功能，还有预报天气、推荐穿搭、购买新品、除味净化等功能。在"家居"前面加了"智能"二字，如同给它装了一个"大脑"。

## 二、智能家居的知识模版

　　智能家电，是智能家居最主要的硬件智能设施，是与用户交互最频繁、最紧密的一环。从零售市场的数据来看，目前智能电视、智能空调的销售量最大，而其他智能家电产品的销售规模扩张速度亦十分可观。智能家电市场迎来群雄逐鹿的时代，而这也预示着智能家电的黄金时代即将到来。国家标准 GB/T 28219-2018《智能家用电器通用技术要求》中，将"智能家用电器"定义为：应用了智能化技术或具有了智能化能力 / 功能的家用和类似用途电器。简单理解就是两种家电可以被称为智能家电。第一种智能家电虽然与普通家电实现的功能相同，但它是通过人工智能技术实现的。比如空调，同样是设置温度，普通空调是用户通过遥控器设置，但智能空调是通过检测当天环境气温且经过长时间学习得到的用户喜好（偏冷或偏暖），多种参数互相作用后，自动设置并执行合适的温度。第二种智能家电能实现普通家电无法实现的功能。同样以空调为例，普通空调只能实现基本控温功能，但是智能空调可以通过检测室内湿度来控制家中空气加湿器的开关。

　　智能家居的核心组成元素即智能家电，理解了智能家电，智能家居的样子也不再神秘。如图 1-6 所示，智能特性、智能功能、智能效用三元素是对智能家居的"智能"最完美的解释。智能特性，大家可以类比上述智能家电中的人工智能技术；智能功能，是智能特性的具体化；智能效用，是对智能功能的进一步总结，也是用户体验的最直接的表达。这三元素逐层递进、相互关联，为智能家居的设计、应用提供了模版。

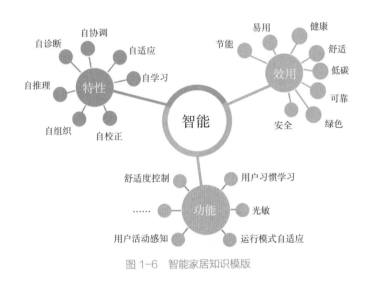

图 1-6　智能家居知识模版

# 第三节 ｜ 你不了解的智能家居

　　近年来，智能家居的消息频繁地出现在各大媒体上，一时之间成了人们耳熟能详的词汇，但是深入了解的话，就会发现智能家居的实际使用量并不理想，原因可能是各种各样的。有的人认为家电有主要功能就行，其他功能都是附带的，使用率不高；有的人觉得智能家居虽然使用方便，但是它随时随地收集着人们的信息，很难让人有安全感；有的人觉得智能家居集约化程度高，若想使用某一个电器，整个系统都会启动，耗电量很大，不节能；有的人觉得智能家居的功能虽然多，但是每个功能都需要一个独立的控制系统，人们不得不研究冗长的说明书学习如何使用，这样一来反而增加了人们生活的烦琐程度。消费者的想法，都是制造商努力的方向。图 1-7 给出了智能家居的发展方向和实现目标。

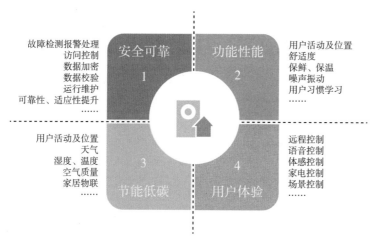

图 1-7　智能家居的发展方向和实现目标

## 一、比想象中更聪明

在物质条件充裕的现代社会，人们对品质生活的追求成为主流，都希望自己能享受一种简单又舒适的生活方式，不再为居家的琐事而烦心。智能家居强调自动智能化控制，通过传感器以及场景联动模块实现"一键控制"。

普通家电，比如电视、空调、电风扇等每个电器都有一个遥控器，不仅容易搞混，还会占空间，难收拾。如果你拥有智能家电，那么可以通过互联网将它们连接在一起，一部手机即可解决问题，不仅可以控制家电的开关，还可以自定义生活场景，简单又有趣。通过简单的操作就可以实现个性化生活场景需求，比如离家，只需要按一个键，即可关闭家中所有的灯和受控设备，安防系统自动开启，保证出门无忧；又比如夜间回家，开门时会自动亮灯，安防系统自动撤防等，所有情景都可以根据个人需求自定义。除了通过手机自定义，智能家居还可以通过学习用户习惯，自行优化生活场景。

有的人觉得智能家居并不适用于所有人群，他们认为智能家居就是用手机控制家里的一切。如果像他们想的那样，那么老年人、小朋友等不善于使用手机的人群岂不是不能生活了？事实上，手机只是一种辅助设备，除手机以外，同样可以通过语音小助理（音箱、带语音功能的电器）对智能电器进行控制。比如智能空调具备语音控制功能，可以通过说话进行控制，更高级的智能家电甚至具备声纹识别功能，可以通过识别说话人的声纹，为不同人群定制工作模式。如此贴合人类习惯的交流方式，让用户不必费心学习如何使用它们，而是让它们主动适应用户的习惯。

## 二、比想象中更安全

随着对智能家居的接触越来越多，人们发现很多"智能"功能的实现首先基于它对用户的"了解"，这就意味着用户的很多信息都被它所熟知。人们开始担心，个人信息尤其是隐私，一旦落入"有心人"的手中，自己的生活岂不是随时随地被人偷窥，令人不寒而栗。

别担心，虽然有些情况下为了方便服务用户，智能家居会记录用户的上下班时间、睡觉时间、用水温度等信息，但是这些信息都是加密传输和储存的，可不是不法分子想得到就能得到的。

早在 2014 年，安全通信联盟（Secure Communication Alliance，简称SCA）就开始跟进智能家居行业发展。当时智能家居行业还在起步阶段，很多制造商和通信服务商都处在初期开发时期，主要的目标是研发出适合市场需求的产品，那时产品供应商首先要解决的就是"温饱"问题，至于更高一层的"安全"问题，还无暇顾及。随着各大制造商进入智能家居行业并推动其发展，人们越来越重视智能家居信息安全。

当然，除了技术上的发展和保护，智能家居信息安全标准也在逐步完善。SCA 积极与制定国际信息安全标准（Common Criteria，简称 CC）的标准委员会（Common Criteria Recognition Arrangement，简称 CCRA）沟通，由 SCA 牵头邀请国际和国内的智能家居制造商、芯片提供商、操作系统提供商、通信模组提供商、云平台提供商、楼宇及房地产开发商、移动终端开发商等，共同制定全球首个符合国际信息安全标准体系的智能家居信息安全标准技术规范，在"2018 SCA 智能家居信息安全论坛"上正式发布，从此让智能家居产品在信息安全领域"有法可依"。另外，在 2021 年 8 月 20 日，十三届全国人大常委会第三十次会议表决通过《中华人民共和国个人信息保护法》。该法案自 2021 年 11 月 1 日起施行，对保护个人信息权益、规范个人信息处理活动、促进个人信息合理利用具有重要作用。

除了信息安全性，智能家居从技术手段方面也为用户提供更多层次的防护。以现在发展最为迅速的分布式系统为例，在整个系统中，用户不是能一概而论的个体，而是各个特征信息的组合；而对于用户来说，智能家居的功能不是由某个家电独立完成的，而是多个家电组合协同服务。例如智能门锁可具有多重防盗功能。即使有人得到智能门锁的密码，仅仅靠输入密码也不可能进入家门，因为门锁确认了密码正确，但是猫眼的摄像头发现人脸信息不符或者步态信息不对，同样会把"假主人"拒之门外，甚至可以向用户的手机上推送信息，或者一键报警，这样的多重防护可不是一把钥匙能完成的。

## 三、比想象中更低碳

中国作为全球较大的家用电器生产和消费国，家用电器保有量迅速增长的同时也带来了很大的能源消耗，加重了对环境的污染。随着中国碳达峰、碳中和目标的提出，家电行业必须推进节能技术进步，提高产品的能效水平，同时也需要提高消费者节能意识，实现家庭节能减排，减少温室气体的排放，保护环境。

要想实现家庭节能减排，除了使用节能升级的产品，消费者还需要改变使用习惯。改变消费者的使用习惯需要一个长期培养的过程，家电行业可以通过 5G、人工智能、物联网等技术赋能，在改变其消费习惯的过程中，主动引导消费者节能减排。

以 1 匹的传统家用空调为例，夏日晚间全开耗电量可以达到 7 ~ 8 度 [①]。而智能空调则可以精确控温，同样晚间全开的情况下，比普通空调最高可节省约一半电能。

冰箱作为 24 小时运行的家电，同样可以通过智能化提升控温的精确性，节约电能的同时还提高了产品保鲜技术；或通过物联网等方式提醒消费者合理安排冰箱内的食物，减少浪费，同样也能实现节能减排。

在万物互联时代，家电迎来场景化热潮。可以预见的是，随着智能场景走进千家万户，家电产品在兼顾高效节能的同时，还能给消费者带来舒适的居家解决方案。

除此之外，未来供暖、烹饪都可能转向电气化，将催生更多节能减排的智能家居，甚至可以实现电力自发自用。

## 四、比想象中操作更简便

智能家电的功能如此完备，想必控制方式也非常复杂吧？实际并非如此。智能家电带你揭开"高级宅"背后的真相：面对烦琐的家务，一些普通家电可能用起来更麻烦，而智能家电只要"一键"，就能实现家务自由。

举两个简单的例子。智能蒸烤箱自带的电子菜单丰富，菜品可"一键搞定"。比如，做清蒸鲈鱼时，可以选择菜单中的"蒸鱼"选项，输入鱼的重量后智能蒸烤箱会自动测算烹调时间，蒸好的鱼肉鲜嫩，口感好。智能蒸烤箱还有自动除味清洁以及蒸汽系统清洁功能，消除了清洁家电的烦恼。孩子也很喜欢它，偶尔也试着烤个土豆、薯条，成就感满满。另外，在手机上下载 App，

---

① 1度 =1 千瓦时

可以对智能蒸烤箱进行设置和操作，并查看烹调情况。

自清洁、智能化、一体化的智能家用扫地机器人，既可以替代人"趴"到床底打扫，又能通过手机端 App 遥控运行路径并查看清洁过的区域和整体耗电量。上班前打开智能扫地机器人，回家后就是一个洁净的家迎接你，而机器人也乖乖地自动回到自己的充电桩充电。

但紧接着另一个极端问题出现了——智能体验"太鸡肋"。比如，每台智能家电都要安装不同的 App，有的还需要先连接智能音箱；语音唤醒功能不够灵敏，在客厅追剧的时候，没办法唤醒远在浴室的热水器……

全场景智能家电已经为这类困扰带来解决方案。以现在通用的 NFC 互联控制技术举例，各类场景下，一个 App、一个动作就可以搞定全部智能家电。只要用手机碰一碰 NFC 感应区，就能启动各类智能家电，或进入相应的程序管理界面，还能根据用户日常生活习惯，一键开启相应的专属模式。无论是在专心追剧、看球，还是忙着打游戏，都不用为琐碎的家务分心，只要用手机碰一碰 NFC 感应区就能搞定一切：碰一碰，就能开启冰箱美食管理界面，轻松添加食材，还有 3000 多种轻食菜谱可供选择；碰一碰，不用遥控器就能打开空调，还能一键匹配"活力运动"模式、"酣然入梦"模式或"纯净氧护"模式；碰一碰，对准衣物拍张照片，洗衣机就能自动识别面料并启动相应洗护程序；碰一碰，还能启动热水器，打完这局游戏再去浴室，洗浴热水刚刚好。

这样的智能家电，简便而不简单，谁能不爱？

## 第二章

# 智能家居助力
# 低碳生活

读到这里，你可能想问：智能家居的功能如此强大，前景大好，耗能量也一定非常大吧？事实恰恰相反，智能家居让我们见识到前所未有的"鱼和熊掌可以兼得"，既节能低碳，又舒适便捷。接下来我们就详细看看智能家居是如何在我们的举手投足间帮助我们降低碳排放量的。

# 第一节 ｜ 日常生活的碳排放

现在关于耗能相关名词中，持续霸榜的要数碳达峰、碳中和（简称"双碳"）。为了更好解释智能家居如何帮我们"两者兼得"，这里我们先来聊聊我国的"双碳"政策。

早在 2015 年《巴黎协定》就设定了 21 世纪后半叶实现近净排放的目标。2020 年 9 月 22 日，习近平总书记在第七十五届联合国大会上宣布，中国将采取更加有力的政策和措施，二氧化碳排放力争于 2030 年前达到峰值，努力争取 2060 年前实现碳中和。

中国过去习惯用第一产业、第二产业、第三产业的行业结构划分碳排放量。第二产业，即生产制造业碳排放量最多，在电力使用中占比近 70%。这

导致我们习惯性认为只有生产制造业涉及节能减排问题，居民个人对此无能为力且漠不关心。但在深入了解欧美的划分办法后发现，他们是按照电力、交通和居住划分碳排放量的。这种划分方法强调了人类居住的能耗和碳排放。

碳排放峰值课题组编制的《中国碳排放：尽早达峰》一书中第六章绿色低碳发展消费端能源需求研究，从需求侧划分消费社会能耗的方法，将国内消费相关的能耗分为：

——直接能源消费，是指为消费者提供服务和消耗的能源，主要包括居住和公共建筑的建筑运行能耗，如供热、供冷、提供生活热水、家电使用、照明等服务。

——快速消费品生产能耗，是指快速消费品的隐含能耗，即为了生产终端消费者使用的消费品，包括原料生产、运输、中间生产、最终产品生产等生产过程各环节的能耗。

——耐用消费品生产能耗，是指耐用消费品的隐含能耗，即为了生产终端消费者使用的消费品，包括原料生产、运输、中间生产、最终产品生产等生产过程各环节的能耗。

——基础设施建设相关能耗，是指在基础设施方面进行的完善、改造等社会工程过程中的能耗。

我国过去的能源消耗划分方式是"自上而下"的操作方式，以"政府引导为主"的实施方式；然而碳排放峰值课题组和欧美的能源消耗划分方式是"自上而下"和"自下而上"相结合的方式。通过这样新的划分方式，明确了低碳节能与我们生活息息相关，我们每天的耗电量直接影响着碳排放量。

电能的生产、存储和使用都是碳排放量的重要影响因素，而且随着越来越多家用电器的使用，电已经是我们生活中离不开的一种能源，对这些既舒适了我们的生活又大量耗电的东西，我们只能又爱又恨地称之为"电老虎"。为了从用电端助力低碳战略的实施，国家也出台了分时电价等相关政策。

2021 年 7 月 29 日，国家发改委印发《关于进一步完善分时电价机制的通知》，其中有关负责同志答记者问"为什么要分时电价机制以及实施此机制发挥了什么作用"时说道：电能无法大规模存储，生产与消费需要实时平衡，不同用电时段所耗用的电力资源，供电成本差异很大。在集中用电的高峰时段，电力供应紧张，为保障电力供应，在输配环节需要加强电网建设、保障输配电能力，在发电环节需要调动高成本发电机组顶峰发电，供电成本相对较高；反之，在用电较少的低谷时段，电力供需宽松，供电成本低的机组发电即可保障供应，供电成本相对较低。

分时电价机制是基于电能时间价值设计的，是引导电力用户削峰填谷、保障电力系统安全稳定经济运行的一项重要部署。分时电价机制又可进一步分为峰谷电价机制、季节性电价机制等。峰谷电价机制是将一天划分为高峰、平段、低谷（图 2-1），季节性电价机制是将"峰平谷"时段划分进一步按夏季、非夏季等作差别化安排，对各时段分别制定不同的电价，使分时段电价更加接近电力系统的供电成本，以充分发挥电价信号作用，引导电力用户尽量在高峰时段少用电、在低谷时段多用电，从而保障电力系统安全稳定运行，提升系统整体利用效率、降低社会总体用电成本。

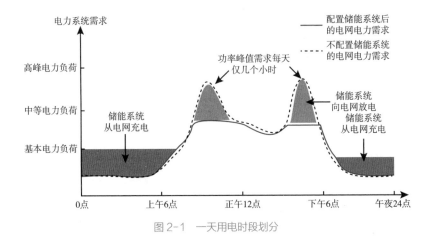

图 2-1　一天用电时段划分

依据碳排放峰值课题组的划分方式以及《中金：碳达峰、碳中和离不开消费端亿万民众的共同努力》报告显示，居民生活碳排放包含两方面，一方面是生活中的能源消耗造成的直接碳排放，另一方面是生活中进行的消费、购买的服务等造成的间接碳排放，依据碳足迹的概念，这一部分碳排放也包含了消费品生产过程中所产生的碳排放。据此测算，我国居民生活碳排放量约占总排放量的40%，与之相比，发达国家居民生活碳排放量占比为60%~80%（图2-2）。这表明随着人们生活水平的日益提升，我国在经济和社会快速发展的情况下，居民生活碳排放占比还有可能持续升高。

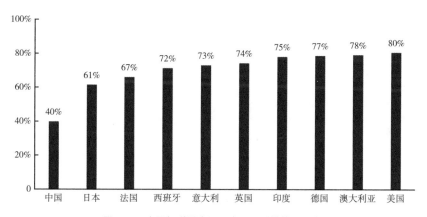

图 2-2 中国与世界主要国家居民碳排放量占比

仔细剖析一下每个人的生活中耗能占比，以欧洲举例，据中金公司发布资料显示，欧洲居民平均碳足迹中，出行占30%，餐饮占17%，家庭生活占22%，家具、生活用品占10%，服装占4%，服务行业占14%，其他占3%（图2-3）。在这之中，吃、住、行是居民碳排放的大户，所以，"双碳"目标的实现也需要从普通民众生活的点点滴滴着手，改变其生活方式与消费行为。

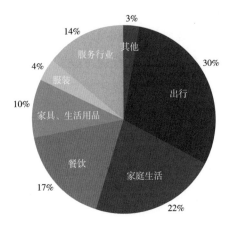

图 2-3　欧洲居民平均碳足迹占比

资料来源：Mapping the Carbon Footprint of EU Regions，Diana Ivanova et al. Environ. Res. Lett.
12（2017）054013，中金公司研究部。

## 第二节 | 低碳策略

　　智能家电能让我们提高生活质量的同时享受绿色生活。无论你向往的是
"采菊东篱下，悠然见南山"般的田园生活，还是熙来攘往、五光十色的大城
市生活，无论你是贪恋小城市的慢情调还是喜欢大城市的快节奏，都必须要
面对一个严峻的现实：大气中温室气体浓度仍在持续上升，鉴于二氧化碳在
大气中的留存时间较长，地球在未来几代人的时间里将进一步变暖。低碳节
能已然成为人类必然的选择，站在历史重大拐点的我们，怎么能袖手旁观，
不出一分力呢？

　　绿色生活方式的推广、绿色消费习惯的培养、消费行为的改善、低碳饮
食、杜绝浪费、节能环保等都能从消费端实现助力"双碳"目标。在举国一
盘棋的"双碳"目标下，智能家居能从哪些方面帮助我们呢？

## 一、节水节电

虽然耗电是家电运行的必要条件，但是智能家电能让你眼中的"电老虎"成为"纸老虎"，让你生活舒适的同时，也能节水节电，为"双碳"目标贡献一分力量。

### 1.智能电热水器帮你节能

国内家庭中的热水供应大部分是靠电热水器。很多家庭为了方便，长年不断电。当水温小于设定水温时，普通电热水器便会自动加热，一直维持在用户设定的温度。因此只要一直插着电，电热水器就会一直处于工作状态，这不仅浪费电，还间接增加了碳排放量。

智能电热水器（图2-4）的智能加热调控功能，利用人工智能技术学习用户的使用习惯，如使用的时间、温度、水量等，智能运行电热水器加热功能，用户不需要用水的时间段，自动进入待机模式，距离用户使用热水前一定时间内，启动加热，既能为用户及时提供热水，又能节约电。

普通电热水器，加热一桶水需要消耗2度电，可以满足3个人的洗澡需求。如果不是3个人都要洗澡，就会造成热水的浪费。现在的电热水器储

节能家电

阶梯电价

图 2-4  智能电热水器

热、速热功能二合一，洗澡用多少水就加热多少水。比如市场上的速热热水器，出水时出水口的"聚能环"模块瞬间加热，提高水温，不用再耗费电能实现水的保温，减轻了电路使用负担，减缓了电源插座老化速度。依据GB/T 38041—2019《智能家用电器的智能化技术 电热水器的特殊要求》、T/CAS 286—2017《家用储水式电热水器智能水平评价技术规范》、T/CAS 306—2018《基于大数据平台的智能家电节能技术规范》等标准对具有如上功能的智能电热水器进行检测。检测后发现，一款60升容积的智能电热水器相比于同容积的普通电热水器而言，冬季的耗电量节约51.07%，夏季的耗电量节约51.92%。

2. 智能洗衣机帮你节能

洗衣机确实是一个伟大的发明，它极大地节省了人们做家务的时间和精力，但与人工洗衣相比，其缺点就是耗电量大。然而智能洗衣机不同于普通的洗衣机。智能洗衣机具备诸多体现节能效用的功能，比如运行模式中的自适应功能，洗衣机可以自行检测放进滚筒内的衣物的材质和重量，并根据当时当地的水温水质自己判断要执行的洗衣程序以及洗涤时间、漂洗时间、烘干时间等洗衣参数，达到节能的效果；再如预约功能，您可以将衣物放进滚筒内，设置洗衣时间，比如设置在低谷用电的时间段，一觉醒来或下班到家即可将洗净的衣物进行晾晒，省时省力。

洗衣机除了耗电量大，耗水量大也是一个重要的问题。早在2018年，家电生产企业陆续推出了"几乎不用水"洗衣机技术，掀开全新换代洗涤技术的神秘面纱。一大桶脏水在经过水处理装置后，重新变得纯净透明，但前后水量几乎没有发生变化。这种洗衣机技术严格意义上是基于"一桶水洗"的原理做到的水循环利用，理论上可以实现多次重复使用水，从而达到"少用水或几乎不用水"的目的，从洗衣机的流程源头做到了节约用水。

在程序节水阶段，洗衣机通过自动识别衣物重量去设定不同挡的洗涤用水，同时细分和研究每个洗涤程序的用水量。现在，几乎所有的智能洗衣机都配备有自动识别衣物重量来匹配水量的程序。此外，还推出了"即时洗"洗衣机、应用"桶间无水"技术的"免清洗2代"，还有能做到局部洗涤的洗衣机，真正从产品结构上可实现节约用水。而以子母机免清洗为代表的分区洗洗衣机，则通过漂洗水的重复利用实现系统节水。而上文提出的净水洗洗衣机技术，通过水的重复利用实现节水，这里介绍的程序节水是从洗衣机的洗衣流程源头来节约用水，因而定义为流程节水。

这一系列环节下来，曾经让我们担心的耗电、耗水问题已经不成问题，比人工洗更节能的智能洗衣机，岂有不用之理？

## 二、节粮节电

健康的饮食离不开新鲜的食材。为了延缓腐败，人类发明了冰箱，而冰箱是家中一个实时运行的耗电产品，它的耗电量、内部结霜等都与用户使用过程中的开关门频次有关。一款冰箱正常情况下每天耗电量约在0.85度，但是用户每天往往为了查看冰箱里有什么食材、食材是否过期而频繁开关冰箱门，这样做势必会让冰箱里的冷气大量流失，并且造成压缩机频繁启动，这时耗电量就会增加。如果按照正常情况下每天5次与每天30次的开关门的使用频率对比，试验数据表明，后者耗电量达到1.02度，比前者多消耗20%左右的电量。

频繁地开关门，对于冰箱来说，不仅费电，而且对食物保鲜效果也有很大影响，比如加速了草莓腐败、苹果表面氧化等。究其原因，经常开关冰箱门，造成箱内温度不均衡，而温差过大会导致食物水分快速流失。智能电冰箱就能轻松解决这些问题，比如下面这款食材管理电冰箱。

食材管理电冰箱通过非接触式射频识别（RFID）实现对食材的自动、高识别率的管理，不仅能准确地将冷藏室、冷冻室里的食物一览无余，而且记录了每个食材放进冰箱的时间、预计的保质期。用户再也不必频频开门查看食材，这样一来不但直接减少了冰箱的耗电量，还提高了食物保鲜程度，减少压缩机频繁启动关闭动作，整体提高冰箱的可靠性运行，真是"一石多鸟"的典型案例。

除了识别食材功能，食材管理功能同样是智能电冰箱为我们实现"双碳"目标提供的一把利器。素食产生的碳排放量在同等情况下远远小于肉食产生的碳排放量，主要的原因是动物成长过程中对食物的利用率较低。即使在肉类食品中，牛肉和羊肉等红肉所产生的碳排放量是相同质量的鸡肉、鱼肉等白肉的 4 倍左右。根据不同的饮食习惯，美国等西方国家中，一份均衡的饮食结构中肉食占饮食碳排放量的 56.6%，是饮食碳排放量中最主要的组成部分。而对于中国人来说，水稻、小麦类主食摄入较多，肉食约占饮食碳排放量的 36.6%。所以，健康合理的饮食结构和饮食习惯对人均碳排放量的减少具有重要影响。

智能电冰箱通过记录用户的常用饮食习惯，并对标中国人均健康餐饮指标进行食材、菜谱推荐：频繁进食牛肉和羊肉的用户，智能电冰箱会适时提出素食建议；对频繁采用高油、高热量菜谱的用户，智能电冰箱会适时推荐轻食菜品搭配，并给出每千克主要食品碳排放量（图 2-5）。利用内置的食材碳排放量数据库，智能电冰箱能计算出每顿饭、每天、每月的碳排放量，提醒消费者进行自我碳排放管理。

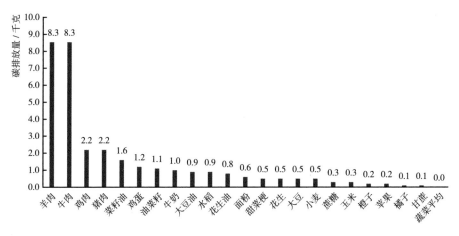

图 2-5　每千克主要食品碳排放量

资料来源：A Comparative Study on Carbon Footprints Between Plant and Animal-based Foods in China，Xu et al. Journal of Cleaner Production 112（2016）2581-2592，中金公司研究部。

## 三、一机多能

　　做一日三餐的过程中，无论是天然气的燃烧，还是油烟的产生，所造成的碳排放总量都十分巨大，但智能厨具无论在燃料转换还是少油少烟方面都具有极佳的表现。

　　比如智能烹饪机器人，它具有锅体内胆自动旋转或整个锅体自动旋转、倾斜的结构，或包含优化后的类似结构（如锅体内置的轴驱动刀具及配套刮刀、搅拌棒等工具，自动投料、自动开合锅盖等结构），可实现炖煮、焖烧、翻炒、香煎、基础料理等烹饪功能（图 2-6）。

图 2-6　智能烹饪机器人

智能烹饪机器人具有十几个功能，包括自动烹饪、提供烹饪食谱、温度智能精控、计量、多模态交互、软件功能安全、信息技术安全、联网模块 OTA、器具控制功能 OTA、器具自检和远程操作等。智能烹饪机器人无须人工看管，用户只需将准备好的主料、配料、佐料一次性投入，设定程序后，机器人将自动热油、翻炒、控制火候。这是一台无须烹饪经验即可自动烹饪的智能化设备。智能烹饪机器人具有自动炒、煎、烹、炸、爆、焖、蒸、煮、烙、炖、煲等一锅多用的功能，轻松实现了炒菜过程的自动化和趣味化，只需手指轻轻触摸按键，就可以享受到世界各地的地道美食，真正做到了烹饪过程少油烟、省时、省力，不粘、不糊、不溢锅，锅体自动密封保鲜。另外，数字化同样是智能烹饪机器人助力节能减排的保障。采用数字化菜谱，将烹饪温度、时间，以及调料的重量、放入顺序等知识图谱化，将烹饪过程变得简单；同时由于油烟较少，不用开吸油烟机，也减少了一定的电量消耗。

智能烹饪机器人是一种高度集成化、集约化的家电，节能也是它的一大特点。数智化时代，软件定义产品技术的出现，为同类结构、功能产品的集成提供了技术基础。智能烹饪机器人，可以实现多种烹饪手法，将炒菜机、炖锅、电饭煲、蒸锅、豆浆机、酸奶机、原汁机、绞肉机、打蛋机、电子秤、计时器等大约 15 种烹饪工具集成在一起，通过运行不同的智能软件，实现各自的功能。据不完全统计，与原来 15 种工具单独制造相比，材料、生产环节能耗、包装耗材等各个方面都有大幅节约，原材料端、生产端的碳排放量大大降低。

最后为大家提几个低碳烹调法要点：

——尽量减少煎、炒、烹、炸的菜肴，多煮食蔬菜。食用油在加热时不仅产生致癌物，还会产生油烟污染居室环境。

——不要把饭锅和水壶装得太满。否则煮沸后溢出汤水，既浪费能源，又容易扑灭灶火，引发燃气泄漏。

——调整火苗的燃烧范围，使其不超过锅底外缘，取得最佳加热效果。

如果锅小火大的话，火苗烧在锅底四周会浪费燃气。

——自家煮饭炒菜，量足够吃就好，不多炒。做到餐餐节约能源，减少碳排放量。

## 四、智能控温

### 1. 智能燃气采暖炉帮你节能

采暖问题是我国尤其是北方居民的重要民生问题。但无论是低碳节能还是环保要求都迫切需要我们改掉几十年的煤炭采暖习惯，在"煤改气"的浪潮下，燃气采暖炉逐渐走进千家万户。目前，我国燃气锅炉占比约为锅炉总量的 15%，但燃气锅炉运行效率远远高于燃煤锅炉，在 90% 以上，同时可大幅降低各类污染物的排放量，达到环保要求。近几年国家大力推动"煤改气"项目，燃气采暖炉销量现每年都以 500 万~600 万台增长，目前基本以二级能效产品为主。

但最让用户头疼的是燃气费用高昂。有人算了一笔账：100 平方米的房屋，一天大概消耗 20 立方米燃气，一个月消耗约 600 立方米，按 1.8 元 / 立方米计算，一个月需要花费超过 1000 元的燃气采暖费用。实际上也因为费用高昂，很多人白天在家不舍得开壁挂炉采暖，晚上才舍得开。另外一种极端情况是，工作日白天没有人在家，采暖温度按有人在家时的温度工作，浪费燃气能源。如果你也存在以上困扰，那智能燃气采暖炉将为你排忧解难。

智能燃气采暖炉（图 2-7）通过学习用户习惯和精准的地理定位功能，以

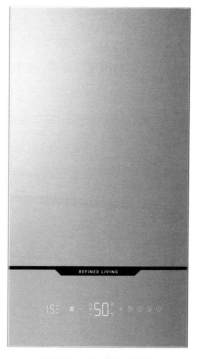

图 2-7 智能燃气采暖炉

及参考当地实时变化的环境温度，根据一段时间内的用户温度设定、变化趋势，自动适时地执行设定温度。依据智能燃气采暖炉标准检测，在出水温度波动最大值不大于 10℃ 的基础上，传统燃气采暖炉一周内耗气量约 120.91 立方米，但智能化燃气采暖炉利用平台算法，一周的耗气量约 77.30 立方米，节能率高达 36.1%。既可以实现节约能源，又让我们的冬天不再寒冷。

### 2. 智能空调帮你节能

空调已经被人们视为生存的"救命稻草"，冬季还有地暖、燃气炉等方式温暖人们的生活，但是能帮你舒爽度过夏天，空调功不可没。

如果一年内有长达 3 个月左右的时间高频使用空调，很多用户尤其是老年人面对夏季猛增的电费，就舍不得用空调，很难真正意义上实现人们居住水平的提高。但是智能化空调，就像给空调安装了大脑。遥控器上的节能按钮可以开启节能模式，是电脑板上设置的一个自动运行的编码程序。开启节能模式后空调会自动设定一个温度，如果室内温度高于设定温度，空调会自动调到高速运转，当温度下降到设定温度时，就会变为低速运转，这样不仅能满足人们对温度的需求，还能实现节能省电。

以 1 匹的传统家用空调为例，夏日晚间全开耗电量为 7~8 度。而智能空调则可以精确控温，同样在晚间全开的情况下，比普通空调最高可节省约一半电能。部分先进产品可以做到不论春夏秋冬，一键操控，屋内空调就会自动调节到理想的温度和湿度状态。这种全新的智能系统设计可实现大幅节能，有效降低建筑楼宇中的"空调、暖通供热"等系统的碳排放量。通过该技术，在采暖模式下，多能互补空调会智能调用燃气采暖炉高温热水进风盘，让房间瞬间升温；当屋内温度到达预设温度之后，多能互补空调则会将取暖方式自动切换为热泵，维持屋内温度，既高效又节能，还更加符合国人的使用需求，对住宅环境进行智能管理，实现节能与舒适的完美结合。

## 五、垃圾清零

垃圾处理是最容易被忽略的环节。可不要小瞧这些垃圾，随着我国物质生活水平的快速提升、餐饮业的高速发展，餐厨垃圾产生量日益增大，据国家统计局数据表明，2020 年我国餐厨垃圾产生量为 1.2 亿吨。餐厨垃圾为高有机质成分和高含水率（77% 以上）的固体废物，具有易生化降解的特点。不同的餐厨垃圾处理方式在资源化回收程度以及产生的碳排放量上存在很大差别，根据材料的不同，每回收 1 吨垃圾可以降低最多 8.1 吨的碳排放量，在"双碳"背景下，这部分垃圾怎么处理显得尤为重要。

让我们先看一下国际上的处理方式。英国、美国、日本等国家多是利用餐厨垃圾堆肥发酵处理，如美国 Re-Nuble 公司将剩饭剩菜等有机废弃物转化成有机肥料，发展无土栽培技术种植新的农作物（图 2-8）。美国 Ecovative Design 公司则利用废弃蘑菇茎部细胞上的植物纤维以及其他废弃有机农作物，制造出坚固、易降解的包装材料。

图 2-8 Re-Nuble 公司食物废弃物回收堆肥流程图

资料来源：Re-Nuble 公司官网，中金公司研究所。

转向国内，在传统生活方式中，我们可能对厨余垃圾无能为力，但有了智能垃圾处理器后，局面将有翻天覆地的变化。智能垃圾处理器（图 2-9）能够快速清理食物垃圾，方便省时，大大减少家庭垃圾的产出量。内部螺旋波"铂钯催化剂"增强了除臭能力，免去剩菜剩饭异味的烦恼；通过暖风来干燥厨房垃圾，可以杀菌，避免滋生细菌及招致昆虫；处理后垃圾变为原来的七分之一,使我们夏天的厨房再不必臭味难闻,还我们一个健康的家庭环境。处理过程中也不会产生嘈杂噪声打扰我们享受安静的居家生活,通过方便的"软干燥模式"将厨余垃圾做成有机肥料,可以养花种菜,绿色环保。

图 2-9　智能垃圾处理器及处理过程

这样的智能垃圾处理器可能会像汽车一样改变一个城市的格局,是城市现代化的必然产物,因为它对易腐烂物质有显著的处理功效,对残羹剩饭、肉鱼骨刺、蔬菜、瓜皮、果壳、蛋壳、茶叶渣、咖啡渣、小块玉米棒芯、禽畜小骨、排骨、牛骨(这需要大功率的产品)都有强力粉碎能力。现在很多发达地区,精装修房就会配置垃圾处理器。有了食物垃圾处理器之后,下水道油脂积累会明显减少,家庭垃圾会减少 60% 以上。细菌、蚊虫、蟑螂、厨房异味,这些常见顽疾都会得到有效处理。

主流家电品牌已经开始提前布局。例如:逐步在多个场景中推进"区块链 + 其他技术"的综合解决方案。在绿色智能家居系统解决方案上持续发力,以光伏技术驱动健康产品,通过能源、空气、健康、安防和光照五大智慧系统,为消费者打造智能家居应用场景。

除此之外,在实现"双碳"目标的竞争赛道中,家电制造商还在尝试通过各种创新技术,推动绿色产业升级。例如:在能源方面,富氢天然气型家用燃气具全线产品的发布,顺应了国家能源供应结构转型的趋势;空调行业在光伏及空调压缩机等领域开拓创新,推出"零碳源"空调技术,集成了先进蒸气压缩制冷、光伏直驱、蒸发冷却及通风等技术,可高效利用可再生能源和自然冷源，使得采用该技术的气候自适应空调碳排放低于当前传统空调的1/5；还有一些企业从产品全生命周期流程切入，从设计、生产、物流、回收和处理等各个方面实现减排，助力行业走上可持续化发展道路。

## 六、清洁能源

可能大家会问，智能家居是否能够充分利用清洁能源，从而做到更节能、更环保呢？答案是肯定的。目前，我们最熟悉的要数太阳能热水器了。太阳能作为一种绿色、可再生的清洁能源，被充分运用到家庭热水、取暖领域，太阳能热水器无疑成为热水器行业的一颗新星；与电热水器和燃气热水器相比，太阳能热水器有很多优点，包括使用的是绿色、可再生能源，不需要缴纳电费，同时可以与其他能源配套使用，可实现全天候运行。比如太阳能地暖、太阳能暖气片、太阳能草坪灯、太阳能电池板等。

除太阳能以外，余热回收技术也应用于家电领域，目前已有很多相关产品上市。那么，什么是余热回收技术？举一个例子，全年自来水的温度平均为15℃，我们一般使用的是40℃左右的热水，热水器把水温提升了25℃。而流经身体后水温大概还有35℃，洗澡只消耗了5℃的热量，也就是有80%的热量被浪费了，做了无用功。余热回收技术则解决了这一问题，通过一块余热回收板，高效回收洗浴过程中浪费的热量，实现在不增加能耗的前提下，提升加热速度25%，节省能源25%，增加储热水量52%的效果。但目前余热回收技术应用范围较窄，只用在电热水器上（图2-10）。

还有一种新技术概念产品是空气能热水器，也叫热泵热水器。简单来说，其工作原理就是把空气中的能量

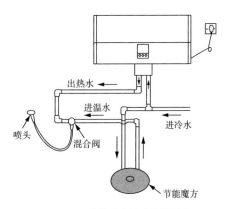

图2-10 余热回收技术路线示意

加以吸收，转变成热量，再转移到水箱中，把水加热起来，同时把失去大量热量的空气排放到室外的环境中。由于电不直接参与加热，故所需的电量不多。如果某个高温省 / 市集体采用空气能热水器，也就不会出现 40℃的酷暑了。空气能热水器具有环保、节能、安全等特点，不过需要安装一个体积庞大的水箱，热泵则像空调室外机一样悬挂在室外，虽然单独家庭通常不会考虑牺牲美观的室内设计而安装空气能热水器，但是对于集体且大量的热水需求，这个新技术概念产品表现出其他产品无法企及的优势。

第三章

# 智能家居开启
# 智享生活

无论技术多么高级复杂，节能效果多么优异，我们都知道，家居最核心的作用就是让我们的生活舒适，所以，言归正传，对于我们每天重复、普通的居家生活，智能家居究竟能给我们带来什么？它的"智"和"能"究竟体现在哪些地方？本章就带你重新认识家里的每个角落。有了智能家居，你会发现你的居家生活不再乏味空白，而是乐趣无限。

# 第一节 ｜ 智慧卧室，安享睡眠

我们人生中有三分之一的时间是花费在睡眠上的，因此睡眠的重要性不言而喻。随着人们生活水平的提高，现在人们追求的不仅是要睡得着，还得睡得好。睡眠不是走进卧室、关掉灯就能马上入睡。据相关调查显示，卧室配置是影响我们睡眠的关键因素。智慧卧室，让酝酿睡意的过程变得简单轻松。那么，究竟怎样的卧室才是最宜眠的智慧卧室呢？

### 1. 曾经的无能为力

有效的深度睡眠时间短：工作压力大，夜间刷手机、玩电子游戏的习惯都会导致人们的深度睡眠时间缩短。

睡前睡后温差大：人在处于睡眠状态时，身体的新陈代谢会减缓（大约会降低10%），体温会随之下降，非常容易出现睡着后受凉的情况。

起夜时一片漆黑：为了能很好地进入深度睡眠往往睡前关掉一切照明设备，但夜间去洗手间时，就得一路跌跌撞撞或摸索开灯。

这些情况是不是非常熟悉？如果你也正在为这些问题头痛，那让我们看看智慧卧室如何让你享受睡眠的。智慧卧室正是以人的身体规律作息为前提而打造出来的，下面，我们就一起来看看，智慧卧室的奇妙之处吧！

### 2. 智慧卧室的构成及场景

一套完整的智慧卧室系统需要由多款智能设备构成，如手机、云平台、智能空调、智能睡眠仪、智能镜、智能美容套装、智能窗帘、智能灯、智能床垫等（图3-1）。智能设备及智能家电相互配合，构建睡眠模式、空净模式、夜间模式、安防模式、起床模式等智能生活场景。

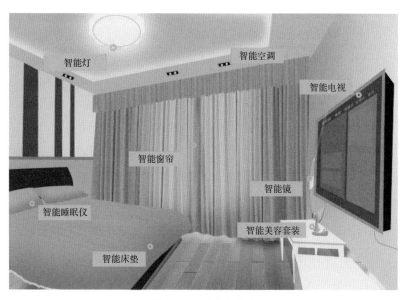

图 3-1 智慧卧室构成

场景一：想睡就睡

卧室向来以床为主导，一张智能床垫能让你一觉睡到天亮。相比于普通的床垫，智能床垫还能有效缓解失眠、打鼾等睡眠问题。多种智能化场景操作，所有的调节角度都是根据人体工程学设计的，促进血液循环，床垫贴合人体曲线，均匀分散压力，缓解身体和精神疲劳，带来舒适健康睡眠，真正让你的身体通过一夜的睡眠得到休息和恢复。智能床垫可以联动全屋其他智能设备，当监测到用户熟睡后，向家居系统发出信号，系统自动关灯、关窗、调节室内温度和湿度，为用户创造一个舒适的睡眠环境；当人夜晚起床去卫生间时，会自动启动起夜模式，氛围灯、卫生间灯亮起；回到床上时，所有的灯光自动熄灭，恢复到睡眠场景。

场景二："立体睡眠"人性化监测呵护

对于家里有老年人的家庭，智能床垫还可以实时监测心率、呼吸、翻身、离床时间、起夜次数，出现异常立即报警，远在千里之外的儿女也能及时了解父母的睡眠情况，进而知道父母的身体情况，不仅让老年人睡得安心，也能让儿女尽一份孝心。而对于有孩子的家庭来说，智能床垫能让家长通过 App 数据监测儿童的睡眠状态，监督孩子养成良好的作息习惯，帮助孩子健康成长。

### 场景三：作息规律的智能光感

说到睡眠，就不得不提人体内生成的一种影响我们睡意的荷尔蒙——褪黑素，它会根据周围光线的明暗度做出反应，来调整我们的睡眠。夜晚，如果仍待在白色光且高亮度的空间内，人体内的褪黑素就不能正常分泌，很难获得高质量的睡眠。

智能灯能模拟自然光的变化，让室内的照明随着自然光一起变换，顺应主人生物钟或作息规律打造适宜的光感，当判断到主人需要休息，搭配智能窗帘，随着睡眠模式，创造出符合我们酝酿睡意所需的舒适光线环境，有助于提升睡眠质量。

### 场景四：一键获得清新空气 & 舒适温感

卧室是我们每天待得最久的地方，卧室内空气要尽量保持流通，如果空气不流通容易产生异味、闷热感，甚至降低室内的氧气浓度，会让人产生不舒适的感觉。

因此，很多家庭都安装了新风系统、空调、地暖除湿器等多种设备，但想要就寝时有好的睡眠环境，就不得不提前将一个个设备打开。而智慧卧室系统能帮你通过手机 App 或室内按键实现一键开启或关闭系列设备，并能实时监测室内环境，自动调整开关以保持最佳状态，省时省力，节能的同时提高生活品质。

### 场景五：能唤醒助眠的背景音乐

智慧卧室可以根据家庭成员的喜好，播放不同的音乐。试想一下，早晨 7 点，背景音乐缓缓响起，遮光帘打开四分之一，阳光照到床前，通过声音、温度、光照自然唤醒熟睡中的你。而孩子房间则可以设置在早上 6 点半定时播放英文歌曲，晚上睡觉前播放寓言故事等，让孩子始终处于轻松的学习环境中，在潜移默化中得到教育。

3. 典型产品

（1）智能空调（图 3-2）

智能空调的智能之处主要表现在拥有自动识别、自动调节以及自动控制的功能。简单来说，就是它能自动识别外界气候以及室内温度情况，然后对温度进行控制调节。此外，它还

图 3-2　智能空调

可以通过手机进行远程操控，用户在回家之前就能将空调开启。智能空调可以根据当前空气环境自动进行温度、湿度的调节和空气的净化清洁，这不仅解除了人们手动控制空调的麻烦，还可以让程序代替人脑去判断和控制室内的空气质量。这里我们便引用从用户使用角度进行规范和编制的标准 T/CAS 289—2017《家用房间空气调节器智能水平评价技术规范》中的内容，让读者了解智能空调该具备的智能功能有哪些。

➢ 功能安全：用软件或者用软硬件配合的方式保护安全。

➢ 信息技术安全：用加密等算法保障通信的安全。

➢ 器具自检功能：智能空调定时对自身软硬件进行检查以确保良好状态。

➢ 联网模块 OTA：智能空调内部负责联网功能的软件可以远程自动升级，弥补缺陷或问题。

➢ 空气调节器功能 OTA：智能空调内部负责各种空调功能的软件可以远程自动升级，弥补缺陷或问题。

➢ 冷媒泄漏检测功能：智能空调能自动及时发现冷媒泄漏。

➢ 远程控制功能：用户可以通过 App 控制空调。

➢ 一键情景控制功能：用户在 App 端能设置并一键控制智能空调与其他智能家电联动。

➢ 防着凉功能：智能空调在监测到人体的皮肤暴露时自动调节温度防止

用户睡着后受凉。

➢ 用户活动感知功能：智能空调能自动为人数多或者人类活动量大的方向精准送风。

➢ 舒适度控制功能：在环境温湿度、用户习惯喜好、当前的需求等多种参数综合考量下，智能空调做出合理判断并运行。

➢ 用户习惯学习功能：智能空调可以学习用户习惯喜好，后续无须人为干预，自动执行。

➢ 风速自动调节功能：自动调节风速以满足不同人员不同时间的需求。

➢ 智能分区送风功能：通过感应用户方向等参数自动进行对不同方向送风。

➢ 滤网脏堵检测功能：自动检测滤网是否需要清洗。

➢ 换热器自清洁功能：自动检测换热器的清洁程度。

➢ 手势控制功能：用户可以通过手势控制智能空调。

➢ 语音控制功能：用户可以通过语音控制智能空调。

➢ 多平台直连功能：用户能在多款平台 App 端找到并控制智能空调。

➢ 电量检测功能：耗电量的估算和记录。

➢ 运行模式自适应功能（智能模式）：人体、环境等各种参数综合运算后自动执行最适合的模式。

➢ 光敏功能：出于节能或便于查看，智能空调根据不同光照自我调节显示屏亮度。

正如同上一章节的介绍，智能空调在使用过程中为我们的低碳节能生活出了一份不小的力。比如这些功能中的运行模式自适应功能（智能模式），时刻根据环境参数匹配最合适的运行模式，如用户离开空调关机、用户入睡空调自动调高制冷温度并降低风速等，避免出现大量无用功，直接减少碳排放量；换热器自清洁功能则是通过及时清洁换热器，提高换热效率，从而达到间接减少碳排放量的效果。

（2）智能床（图3-3）

解析身体密码，定制健康管家。智慧卧室的核心功能睡眠优化，这个功能主要靠智能床完成。对于现代人来说，数据是表明事实的科学依据，如果一款产品能够检测睡眠质量和睡眠数据，那无疑是智能化的最佳体现。目前市面上可以提供这一数据的产品主要有3大类：睡眠App、可佩戴的检测工具和智能床或智能床垫（图

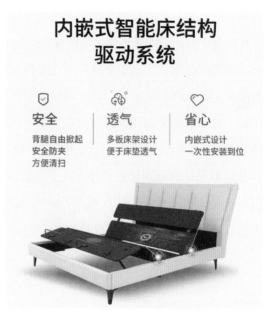

图3-3　智能床

3-4）。不过相关专家在研究这3种产品作用后表示：App是无法检测到使用

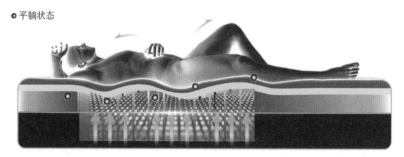

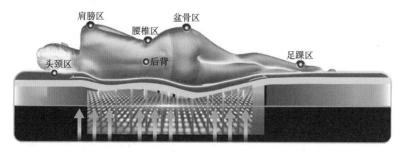

图3-4　智能床垫

者呼吸的；可佩戴的检测工具则会加重使用者的心理负担，从而造成失眠等现象的发生；而智能床垫因为直接接触到使用者身体，可以检测到呼吸频率、心跳速度等数据，而且不会因为不稳定的数据让使用者产生心理负担，因此智能床垫是检测睡眠质量，得出睡眠数据的更优选择方式。就以目前已经上市的一款智能床垫为例，通过内置高敏传感器，即使隔着衣服，也可以全面检测到呼吸、心跳等数据，给出更精确的数据报告。同时终端 App 可以通过这些数据来分析用户睡眠质量，从而每天发送报告评分并给出合理化建议。值得一提的是，终端 App 也接入了医生问诊功能，一旦使用者对报告评分不满意，就可以随时问诊以便及时发现健康问题。

## 第二节 | 智慧浴室，随心所"浴"

随着科技的进步，浴室不再是简单的洗浴、如厕的地方，而是要从环境、健康、美妆、洗护、洗浴、娱乐等多方位为用户打造一个舒适、智能的浴室。

试想一下，早上热水器已经在你起床之前启动，保证你在起床之后就可以使用，若是用水高峰期，热水器也会在检测到水压不稳后自动启动增压程序，保证你的洗浴效果；在洗浴时，智能镜子可以为你播报当天天气情况以及热点新闻，智能牙刷记录每颗牙齿的信息，更好地保证牙健康。

当如厕时，智能马桶可与排风扇进行联动，也可以自动检测常规医学尿检中的蛋白、酸碱度、潜血、尿比重、微量白蛋白、肌酐等指标，附加了肌肉水平、基础代谢量、体脂肪率、骨量水平、身体质量指数（BMI）、内脏脂肪等级的体质指标，监测你的健康。

1. 曾经的无能为力

洗浴时水温不适：早上或晚上想通过洗个热水澡舒缓身心，但是热水器的水温不是太凉就是太热，或者整个洗澡过程中都是在手动调节水温。

对马桶又爱又恨的复杂情感：能为人们解决"三急"的马桶自然是我们生活必不可少的好帮手，但是它有时的异味、清洁工作却又让人头疼。

镜子带来的焦虑：有时照镜子时感觉自己的皮肤变差，想用护肤品改善，但又不知道自己的肤质适合什么类型的产品，无从下手甚至使用错误的护肤品后让皮肤越来越差。

浴室是人居住场所中较为私密的空间，人们的需求也是千人千面、众口难调。每个家庭，甚至每个人的生活习惯都不相同，但智慧浴室系统能轻松满足"众口"。

2. 智慧浴室的构成及场景

一个智慧浴室系统的基本配置：手机、云平台、智能电热水器、智能镜（智能中控）、智能感应水龙头、智能体脂称、血糖/血压计、智能灯、智能马桶、智能毛巾架、智能浴霸、智能浴缸、恒温花洒等（图3-5）。这些智能家电间互联互操作，就能在你不知不觉中维护浴室的环境，给你一个舒适

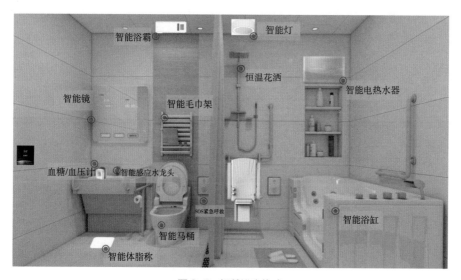

图 3-5　智慧浴室构成

的洗浴同时，维护你的健康、美丽。通过洗浴模式、如厕模式、洗漱模式，让你享受智能洗浴。

场景一：聪明魔法，热水自然来

伴随着绿色节能理念的深入人心，为了省电环保，我们需要到浴室早晚开关热水器，而洗澡的时候，则需要长时间等待热水烧好。

但当我们有了智慧浴室，天气转凉时，想要洗澡的时候不需要手动打开热水器，反复调整水温。即使在客厅看电视或者在厨房忙碌的时候，只要对智能音箱说："×××，我要洗澡。"智能音箱就会回复："好的，热水器已经为您打开，×分钟后热水为您烧好。"

智慧浴室的自学习功能能让智能电热水器通过自学习，判断用户洗浴的时间段、合适的洗浴温度和洗浴所需水量，提前开启热水加热功能。热水烧好后，智能音箱主动播报："热水已为您准备好。"而且排风扇在洗浴过程中会进行自我调节，让用户在整个洗浴过程中无须忍受空气稀薄的状态，而且在节能方面，智能电热水器的自学习能力相比普通热水器，要省电 30% 以上。

场景二：温暖魔法，一句话暖房

天气转冷，洗澡成为一项艰巨的任务，你是不是咬着牙进浴室，哆嗦着开水洗澡？遇到不给力的热水器可能还要先经受一段冷水待遇，这可是智慧浴室不会出现的情况。

洗浴前，用户只需要对智能音箱说："×××，我马上要洗澡了。"这时候浴霸打开照明，暖风开启预暖浴室，同时卧室空调也开启预暖卧室。走到浴室就暖烘烘，洗完走到卧室也是暖烘烘。尤其给孩子洗澡的时候，也不用再担心会着凉感冒了。

场景三：欢乐魔法，个性浴室影吧

漫长的洗浴时光，总想有点娱乐活动陪伴，但是普通浴室湿度大，手机、音箱都不能带进去，而智慧浴室的"欢乐魔法"，此刻可以发挥它的功效了。

先打开智能镜的音乐/视频，边听歌边洗浴，把浴室变成KTV。如果为小朋友洗澡，还可以边看动画片边洗澡，打造个性化的浴室影吧，让用户充分享受惬意的独处时光。

场景四：健康魔法，健康动态记录

洗完澡后，第一反应是不是感觉自己又美了，又瘦了！智慧浴室的"健康魔法"，帮你了解身体的变化状况（图3-6）。

体脂秤和智能镜联动，不再单纯显示一个冷冰冰的数值，而是将体脂体重变化绘制成曲线，并建立健康档案进行健康检测管理。体脂体重上升提醒用户控制饮食和锻炼，体脂体重下降则提醒用户适当注意休息和保养。

场景五：干爽魔法，自动除湿免除打扫

一次酣畅淋漓的洗浴，会让你身心放松，只想回到卧室休息，

图3-6　智慧浴室联动

此刻如果还需要你打扫浴室卫生、烘干毛巾，是不是有点扫兴了？

智慧浴室的"干爽魔法"，可以帮你搞定这些小事！洗浴后把湿毛巾放在智能毛巾架上（毛巾架根据预约时间提前加热，过一段时间就完成了毛巾的烘干杀菌，然后自动关闭）。然后，您可以直接走出浴室，在卧室或客厅对智能音箱说："×××，我洗完澡了。"浴霸即可切换模式为暖风模式，同时打开排风除湿模式，并延时关闭。

3. 典型产品

智能电热水器的"智能"表现在通过物联网技术进行远程操控，让智能

电热水器随时随地为用户工作，被用户监督并且可以学习用户的习惯。智能电热水器有一个保温水箱，利用热泵将保温水箱内部的水加热，由于在加热过程中热水与冷水之间相对运动，使热水区逐渐集中在保温水箱的顶部，冷水集中在水箱的底部，随着热泵的不断加热，最终整个保温水箱的水温达到一个均衡的值。

同样，这里采用既有的标准（T/CAS 286—2017《家用储水式电热水器智能水平评价技术规范》）归纳总结智能电热水器可以为用户提供哪些智能功能。与智能空调类似的功能这里不再赘述，仅对热水器独特的智能功能进行介绍：

➤ 洗浴断电选择功能：用户放水使用时，热水器自动断电以保证安全。

➤ 水质监测和清洁功能：能自动检测胆内水质，且在内胆需要清洁时能通知用户甚至能自动清洁。

➤ 一键情景控制功能：用户在 App 端能设置并一键控制智能电热水器与其他智能家电联动。

➤ 内胆养护提醒功能：能及时发现并提醒用户定期维护内胆以保证安全。

➤ 抗菌除菌功能：能检测出有害细菌并自动进行除菌。

➤ 出水恒温调节功能：用水过程中一直保持水温的稳定，不会忽冷忽热。

➤ 用户习惯学习功能：智能电热水器可以学习用户的习惯喜好，后续无须人为干预便可适时地预热水温到合适温度。

➤ 动态储水温度设置功能：满足用水需求的动态保温。

➤ 洗浴时长提示功能：根据胆内热水量提示用户能使用时长，能防止洗浴中途没有热水。

➤ 峰谷用电功能：智能电热水器能判断出用电量少的时间段用电加热，错峰用电。

在满足我们随心所"浴"的同时，智能电热水器的峰谷用电功能，在电价较低的峰谷时间工作，提高加热效率，直接减少碳排放量。洗浴时长提示功能则是既满足用户用水，又防止为最后的冲洗而重新加热一整箱水的现象，由此产生的间接减少碳排放量的效果不容忽略。

## 第三节　智慧衣帽间，"衣"你所愿

如今在各种时尚潮流的引领下，人们对衣物的要求已不仅仅是蔽体了，而是讲究个性、品质；对衣物的护理也不是一台洗衣机就能满足的，而是养护、健康。现阶段用户越来越重视品质和体验，需求更加多样化和系统化，引领潮流的是包括洗衣、护理、穿搭、选购、收纳等全流程的智慧衣帽间。不仅如此，智慧衣帽间还可以根据用户需要，进行个性化场景定制。

1. 曾经的无能为力

平时出门前不知道穿什么衣服：夏天的暴雨可能让穿裙装的你瑟瑟发抖，而春秋两季变幻莫测的天气更让你早晨选择衣物前不得不特意查询一下当天的天气预报。

参加活动不知道穿什么衣服：需要参加聚会或大型会议时，面对橱柜里的衣服不知从何下手，对款式与场合的匹配度难以把握。

衣服发霉：由于衣帽间温度和湿度不均衡，导致衣物滋生细菌和霉菌，由于肉眼难以发觉，只能在一段时间后等皮肤或喉咙等部位开始有不适反应，用户才"恍然大悟"。

衣服或配饰是一个人品位的象征和表达，何况贴身衣物的卫生直接影响用户的身体健康，这些细微但极为重要的关键点正是智慧衣帽间能为我们解决的。

2. 智慧衣帽间的构成及场景

一个功能较完备的智慧衣帽间是由多个智能家电设备构成的：手机、云平台、智能 3D 云镜、智能美妆镜、智能衣物护理柜、智能除湿机、智能灯、智能空气净化器、智能鞋柜、智能晾衣架、智能洗衣机、智能干衣机。这些组合既能行云流水般帮你完成衣物的收纳、护理、熨烫、存放，还能提供穿搭模式、收纳护理模式、智能洗衣模式，并提供如下场景：

场景一：你的专属时尚主播

当您上班出门前，选取漂亮的衣服会开启一天的好心情。如果你对当天搭配没有要求，智能试衣镜会自动感知室外温度，根据当天的天气情况为您推荐合适穿搭；如果想展现个人形象特色，比如温柔、干练、活泼、成熟、稳重等，告诉试衣镜，它会为你推荐合适搭配；如果要去特殊场合，比如要参加酒会、参加好友婚礼、接待重要客户，也可以告诉智能试衣镜，让它来为你安排。

有了好看的搭配建议，但要上身才能看出效果。针对智能试衣镜为你推荐的搭配，告诉它你想上身试第几套，即可查看 3D 试衣效果图；试衣镜在为用户推荐穿搭时，可以和智能衣柜联动，根据你衣柜内现有的衣服进行搭配，也可进入线上商场，推荐商场衣服，若满意，还可以一键下单，把喜欢的衣服带回家。

场景二：精致的穿搭专家（图 3-7）

爱美之心，人皆有之，无论男士、女士，都想拥有精致的穿搭。智能衣物护理机能主动识别衣物面料并配备最佳护理方案，在短短 10 分钟之内抚平衣服褶皱，使衣服恢复柔顺。智能试衣镜可通过 3D 量体，智能给出多套搭配，并可虚拟试装，同时可手机同步在线购买。

场景三：呵护衣物的"生命"

每天出门前，需对衣物进行熨烫时，智能挂烫机可针对衣物材质选取合适的熨烫温度，既可以将衣物熨烫平整，也可以保护衣物，延长衣物寿命。

当你每天下班回家时，外套上沾满了看不见的灰尘、细菌，将外套放进智能护理机，即可杀菌消毒、恒温存放；将穿了一天的皮鞋、运动鞋放入智能鞋柜，进行杀菌除味。

图 3-7　精致的穿搭专家

场景四：给衣物自动做"洗剪吹"

你辛苦了一天回到家，准备把沾上油渍或化妆品的衣物进行清洗时，只需把衣物放进智能洗衣机桶内，告诉它你要清洗的污渍类别，它就会启动对应的控制清洗程序，自动投放需要的洗衣液和投放量；清洗完毕放置于智能晾衣架，可根据天气情况自动伸缩，或加热烘干，或紫外线杀菌。

当准备换季衣物时，需要把不再穿的衣物进行清洗存放，这时你可以选择清洗完毕后进行烘干程序，告诉智能洗衣机你要烘干之后直接进行存储，聪明的它会自动选择利于衣物保存的烘干温度，之后你无须再进行晾晒，直接装进智能衣柜进行分区存放即可。

若是出席重要场合中途却不小心将衣物弄脏，也不用慌，你可将衣物放入智能洗衣机进行清洗烘干，选择衣干即停，这样几十分钟之后又可以穿了。

场景五：智能"干燥剂"

衣物保存最怕潮湿、潮热，南方的梅雨天气的潮湿程度足以让衣物发霉，人们还要准备各种除湿剂等物品进行除湿，但现在只要拥有智能除湿机就可解决这个难题，和湿度传感器进行联动，当湿度传感器检测到湿度大于设定阈值时，就启动除湿机进行除湿工作，无须人为干预，就能达到除湿效果。

3. 典型产品

智能洗衣机（图3-8）一般都配备了重量感应系统用来对衣物称重确定水量；水量感应系统确保衣物能够在最合适的水量中洗涤；脏污感应系统用

来确定衣物所用洗涤剂的量，它可以根据衣物的重量和脏污程度，自动或远程遥控设置洗涤时间、用水量、洗衣液或柔顺剂的多少。在此基础上，有的产品具有更加高精度的智能添加洗涤剂功能，不但可以根据实时衣物的多少来投放洗涤剂，而且精准度可以达到1毫升，有效防止衣物洗不干净的同时还防止了洗涤剂过多造成的残留情况。

图3-8  智能洗衣机

智能洗衣机的另一大亮点是，衣物洗涤结束时，不光能进行初步的脱水处理，还具有蒸气熨烫功能、辅助电加热烘干功能，而且还会用超大全触控式显示屏，搭载了智能的专属用户界面，你可以体验到和智能手机一样直观的大信息量读取操作方式和简便操作的用户界面。

你甚至可以利用手机 App 通过无线网络对洗衣机进行远程操控，随时掌握洗衣工作状态。不管是居家还是外出办事，都可以利用网络立即启动或暂停洗衣程序，并能随时获知洗衣机工作时的相关参数，比如工作时间、剩余时间、使用水量、使用电量等。在智能洗衣机工作过程中如果出现异常情况，如停水、洗涤剂缺失等问题时，智能系统会在第一时间向用户的手机发送报警，并告之故障情况。

我们通过 T/CAS 288—2017《家用电动洗衣机智能水平评价技术规范》中的内容来看看智能洗衣机的特色功能。

➢ 自断电功能：在长时间不用、用户忘记关闭电源等情况下，洗衣机自动断电，更节能。

➢ 智能补水功能：根据衣服吸水程度自动调整补水量。

➢ 智能投放功能：根据洗涤需求自动选择洗涤剂种类和投放量。

➢ 自清洁提醒功能：自检桶内的脏污程度并在需要清洁时主动提示用户。

➢ 智能烘干功能：根据不同衣质和用户的需求实现不同的烘干效果。

➢ 预约功能：洗衣机在提前设定好的时间自动执行。

➢ 触控开关盖（门）功能：方便简化用户放／取衣物、放洗涤剂等动作。

➢ 智能记忆功能：洗衣中途断电后若再次通电，洗衣机能自动继续执行未完成任务。

➢ 智能用水功能：通过水质检测，实现废水的二次利用。

➢ 用户接近感知功能：洗衣机能感应用户接近。

➢ 耗电／水量检测功能：洗衣的耗水量、耗电量统计和记录功能。

表面看起来耗水又耗电的智能洗衣机，它为我们的低碳生活提供的帮助更是双重的。其自断电功能毋庸置疑的为我们直接减少耗电量；智能用水功能则是通过水的二次利用提高水资源利用率，直接减少了我们生活中的耗水量；耗电／水量检测功能，则是通过数据统计提示的方式，为用户时刻敲响警钟，使其主动减少能源浪费，间接养成节能低碳的生活习惯。

# 第四节　智慧厨房，百"便"神厨

　　关于饮食，先辈们用丰富的经验总结告诉我们"民以食为天"和"病从口入"的道理，一语道破饮食对我们生存、健康的重要性。从动植物养殖、种植，到食材采购、存放、加工，再到烹饪制作及食用，乃至人体消化排出，食物对于我们来说重要且复杂。

　　谈及一日三餐，那就要谈谈我们家里的"美食家"了。首先我们需要一台智能电冰箱随时记录食材的新鲜程度，还能根据存放的食材合理搭配出健康食谱并推送给用户，它能牢牢记住每位家庭成员的饮食习惯、身体健康数据等，并为其提供具有针对性的膳食建议。将食材从智能电冰箱中取出，那么紧接着走入的便是能让烹饪更加快乐的智慧厨房：进来后就会自动打开灯并自动调节亮度；检测出用户从冰箱拿出的食材种类之后自动待机开启的厨具；有检测到用户还没看完的影视节目，厨房里的屏幕会继续播放；再就是智能马桶通过分析人体排便物，联合体脂秤的身体数据，分析用户近期的身体健康指数、深度睡眠时间、运动量等为其量身定制推荐膳食食谱。当用户进入厨房准备做饭时，智慧厨房会提醒建议减少油脂摄入、增加维生素含量的食物，这样形成闭环的同时，真正让用户享受贴身管家的人性化服务。

　　1. 曾经的无能为力

　　不会烹饪：想自力更生但面对厨房各种器具时无从下手，第一步就被困住。

　　做饭前发现缺少必备佐料：由于工作太忙，往往是下了班才走进厨房，甚至油锅已经热好时才发现有的调料已经没有了，比如酱油已经用完了，甚至还忘记买盐。

冰箱里的"惊喜"：翻找冰箱食物时发现最里边早就忘记的食物已经发霉，导致附近的食物都被污染。

生活被工作填满，烹饪成为奢望：生活节奏快，常常是早饭没时间做，街边随便吃一口食品充饥；工作压力大，忙碌一整天忘记喝水。

这些困扰不光是你遇到的问题，更是绝大多数人每天都需要解决或难以解决的问题。

### 2. 智慧厨房的构成及场景

一套智慧厨房系统的构成需要：手机、云平台、智能吸油烟机、智能灶、智能微蒸烤一体机、智能洗碗机、智能饮水机、智能电冰箱、智能垃圾处理器等（图3-9）。有了它们，食材的选购、存放、清洗、烹饪、杀菌，以及厨余垃圾的处理，这一系列关于烹饪的问题都迎刃而解了。智慧厨房系统通过饮食数据分析、食材管理服务、水管理服务、洗护厨余智能处置、巡检及安防服务，为用户提供健康饮食贴心服务。

图3-9　智慧厨房构成

场景一：用食材记录生活

买回家的食材放入智能电冰箱，智能电冰箱将会自动识别用户放入的食材类别、存放时间、放入的位置以及保质期，当食材快到保质期时，智能电冰箱会提醒用户尽快食用；智能电冰箱也会根据用户存放的食材为其推荐菜品，并提供菜谱。

智能电冰箱的指脉识别传感器可检测用户的血压、血氧饱和度、心率等参数，只需轻轻一触即可为用户定制营养膳食计划；智能电冰箱的人脸识别传感器可检测用户的性别和年龄，为不同家庭成员提供不同菜谱；可在你做耗时菜品时为你精准控时，还可在你辛苦做饭的时候为你播放音乐视频，轻松一下。

场景二：秒变厨房里的"魔法师"

如果不擅长厨艺，却想为家人做一顿丰盛的晚餐，你可以选择智能烹饪机器人，具有几十道菜的菜谱、甜品，只需听从它的安排，在合适的时候放入需要的食材，你也可以成为一名大厨。

若苦于各种厨电选择取舍时，你可以拥有一台集成灶，集吸油烟机、燃气灶、消毒柜、储藏柜等多种功能于一体的厨房电器，不仅节省空间、抽油烟效果好，而且节能低耗环保。

场景三：它帮你省时省力，提醒你多喝水

当早上时间紧张无暇做早饭时，你可以在前一天晚上将食材放入智能电饭煲，并开启定时功能。第二天一早，你就可以拥有一顿美味的早餐。将豆子或水果放入豆浆机或破壁机，很快就能得到一杯美味的豆浆或可口的果汁，而且用完机器之后无须手动清洗，豆浆机或破壁机将会启动自清洗模式，节省你的时间还不费力。专家建议成年人每天最好喝 1500～2000 毫升的水，若你平时工作太忙，总是想不起来要喝水，智能饮水机可满足你的要求。智能饮水机不仅可以过滤水中的杂质、杀菌消毒，还可以根据你的需求，精确控温定量，避免浪费；同时可根据你的用水习惯提供相关建议，在你无暇喝水时通过手机 App 发送信息，提醒你及时补充水分。

3. 典型产品

（1）智能电冰箱（图 3-10）

采用智能化技术，实现食材自动识别、食材存储时间管理、食材保鲜、菜谱推荐等功能，为用户提供食材管理功能的冰箱被称为食材管理电冰箱。

想要"管理"食材，首先要"识别"食材，这里涉及利用非接触式射频识别（RFID）、图像识别等技术手段，实现对电冰箱所有间室的食材自动识别和自动录入信息的食材识别功能。还需要有食材保质期提醒功能、食材订购功能、根据人体接触检测人体健康状况功能、用户健康需求或冰箱内食材推荐菜谱功能以及冰箱可视化除菌等功能。

这里我们根据 T/CAS 432—2020
《家用及类似用途食材管理电冰箱》中的

图 3-10　智能电冰箱

内容来看看智能食材管理电冰箱应该具备的专业性功能有哪些。

> 食材识别功能：食材管理电冰箱能自动识别各间室食材信息，并自动录入食材管理系统，而且，它识别的准确率较高：冷冻食品储藏间室，识别率不小于 99%；非冷冻食品储藏间室，识别率不小于 90%。

> 食材存储时间管理：冰箱能根据所录入的食材名称自动赋值保质期或者由用户手动录入保质期，并能通过记录食材的储藏时间，计算食材保质到期时间，通过交互界面推送给用户。

> 食材保鲜：冰箱对食材的保鲜功能，根据标准中性能要求，保鲜满足表 3-1 要求。

表 3-1　电冰箱对食材保鲜性能的要求

| 项目 | 测试参数 | 指标 |
|---|---|---|
| 感官评价 | 菠菜储藏 168 小时后的失重率 | ≤ 10% |
| | 菠菜储藏 168 小时后的叶绿素保有率 | ≥ 90% |
| | 牛肉储藏 168 小时后的汁液流失率 | ≤ 5% |
| 维生素 C | 青椒或猕猴桃储藏 168 小时后的维生素 C 保有率 | ≥ 90% |
| 挥发性盐基氮（肉类） | 牛肉储藏 168 小时后的挥发性盐基氮 | ≤ 15 毫克 /100 克 |

➢ 食谱推荐：冰箱具备根据合理信息向用户推荐菜谱的能力，保证美味的同时更保证膳食营养的均衡性。

➢ RFID 标签属性：利用 RFID 标签进行食材管理的冰箱，其 RFID 标签所代表的食材种类，可以预先由冰箱制造商设置好，也可以由用户后期自定义。由用户自定义的内容，具备触屏录入或语音识别等形式的信息便利录入方法。

➢ RFID 标签可靠性：利用 RFID 标签进行食材管理的冰箱，其 RFID 标签应对于低温、温度冲击等环境有一定的适应性；同时对于制造商声明可以重复使用的 RFID 标签，需要经受 8000 次的耐久性动作。在这些试验后，产品 RFID 标签不会出现外观开裂、破损，动作部件不应失效。

➢ 除菌能力要求：具备除菌功能，电冰箱对金黄色葡萄球菌（ATCC 6538p 或 AS 1.89）、大肠埃希氏菌（ATCC 25922 或 AS 1.90）的除菌率不小于 95%。

➢ 信息技术安全要求：通过采用安全功能要求和安全保障要求，使评估对象能够抵御攻击者的威胁，保证数据完整性、保密性和可用性。

当然，作为家居中为数不多的长期通电运行的家电产品，电冰箱通过智能功能为用户节能减排的效用也很明显。根据识别出的食材种类，自动匹配最适合的温 / 湿度，不仅能较好地保持食材品质，还能同时兼顾平衡耗电量。此外，

T/CAS 287—2017《家用电冰箱智能水平评价技术规范》中还提出了自动化霜功能和智能开门超市提醒功能的要求。自动化霜功能是通过提高制冷效率从而降低电冰箱整体运行和保温过程中的用电量；智能开门超时提醒功能则是通过改善用户不良操作习惯的方式，间接减少能源的浪费。

（2）智能集成灶（图3-11）

集成灶，在行业里亦被称作环保灶或集成环保灶。集成灶是一种集吸油烟机、燃气灶、消毒柜、储藏柜、蒸烤箱等多种功能于一体的厨房电器，具有节省空间、抽油烟效果好、节能低耗环保等优点。

智能集成灶具有智能操作系统，通过触摸屏进行控制，用户可以根据烹饪食材的不同，选择合适的烹饪温度，并且能精确控制烹饪温度，让食材在最佳的火候下被烹饪。智能集成灶能与手机

图 3-11　智能集成灶

通过网络连接，能从网上的海量菜谱中搜寻菜谱，并将其下载到炉灶从而自动执行菜谱程序，能与操作者互动完成菜肴的烹饪。

烟机、灶具之间能感应开启。启动灶具点火旋钮，烟机就会立即自动感应同步开启，时刻准备吸油烟；关闭灶具后，烟机自动延时1分钟再关闭，吸尽最后一点油烟。根据T/CAS 505—2021《智能家用电器的智能化技术集成灶的特殊要求》，智能集成灶还有漏电保护、熄火保护、过热保护、三防电机、原始复位、电子防火墙、智能风机巡检、安全童锁八大安全防护，也有蒸烤箱缺水提醒，安全保障系数高于普通烟机灶具。

（3）智能微蒸烤一体机（图3-12）

微蒸烤一体机是微波、蒸、烤三种方式为一体的机器，智能微蒸烤一体机为应用了智能化技术或具有了智能化能力或功能的智能化设备。

图 3-12 智能微蒸烤一体机

图 3-13 智能饮水机

根据 T/CAS 449—2020《家用微波炉、烤箱、蒸箱及组合型器具智能水平评价技术规范》，除了基本的三种功能，智能蒸烤一体机还应包含器具自体检功能、误操作感知功能、器具控制功能、清洁功能、除菌功能、语音控制功能、智能记忆功能、远程控制功能、预约功能、用户活动感知功能、多端交互功能、场景控制功能、智能烹饪功能、自适应保温功能（适用于烤箱功能）、智能水路循环功能（适用于蒸箱功能）等15种功能。

微蒸烤一体机有一键大厨功能，只需把食材和调料放好，然后选择对应的烹饪模式，全程无须监督，时间一到就可以出炉一盘热腾腾可口的菜肴。

（4）智能饮水机（图 3-13）

智能饮水机是应用了智能化技术或具有了智能化功能的饮水机。智能饮水机在没有水的情况下自动报警，来提示用户机器处于缺水状态，需要加水；也可以控制机器开始加热或者停止加热，控制出水按键和锁定键。按下锁定键之后其他的按键都不会再起作用。这项处理给家里有孩子的家长提供了很好的帮助，不用再担心孩子会被饮水机里的热水烫到。最后是温度设定键，能够满足人们想要的各种温度需求。

　　智能饮水机实际上是具有由食品级不锈钢构成的高效热交换器，与传统饮水机相比，可省电80%，能够减少碳排放，助力国家推行环保政策。智能饮水机还有全自动控制功能，如果水没烧开，则不出水，杜绝饮用生水；有全不锈钢设计，水槽模压成型，相对来说是比较人性化的设计；即开即饮，无须等待，方便快捷；有的带有常压式设计，只要排掉压力，就不会浪费热能，大大提高直饮水机安全性和使用寿命。智能饮水机的电路设计具有安全保护，且开水、温开水经多重过滤和高温杀菌，再加上管路全封闭设计，可以有效防止二次污染，这样一来饮水也更加安全。

　　参考T/CAS 484—2021《智能家用电器的智能化技术　饮水机的特殊要求》，智能饮水机包含饮水机自检功能、饮水机控制功能、远程控制功能、多平台直连功能、运行模式自适应功能、水质监测和保养功能、杀菌消毒功能、缺水提醒功能、杯中水精确控温功能、精准定量出水功能、自动出水功能以及用水管理功能等12种功能。

## 第五节　智慧客厅，悠然厅堂

　　客厅在人们的日常生活中使用最为频繁，它集聚了休闲、娱乐、会客、进餐等多个功能。一个智慧客厅可以算得上是整屋的门面。无论主人还是客人，进门后首先映入眼帘的就是客厅。想要欢聚，可以找来三五好友在客厅唱歌，灯光随舞曲有节奏地变换，享受欢乐；想要静谧，可以在客厅为你播放纯音乐，让灯光变暖，令人瞬间远离外界的喧嚣，享受此刻的温馨。

### 1. 曾经的无能为力

　　约好三五好友兴高采烈进家，迫不及待想要享受美食聚会，却不得不逐一开灯、开窗、拉窗帘、打开空调、打开空气净化器、打开电视或音箱等，这一系列操作让人觉得烦琐又无奈。

另外，客厅是人们活动最频繁的地方，其中摆放的物品也是最复杂的，对这样一个空间大又复杂的地方，想随时保持清洁可太难了。

面对这些困扰你是不是已经习以为常，但是智慧客厅的到来让你发现，原来这些问题是可以巧妙解决的。

### 2.智慧客厅的构成及场景

智能电视、智能空调、智能窗帘、智能音响、智能扫地机器人、智能加湿器、智能净化器、智能除湿机等，这些基本智能家电组成的智慧客厅，可以设置成回家模式、居家模式、离家模式，随时为我们轻松解决原来习以为常的问题，让我们智享生活。

### 场景一：洗尽繁华的舒适

你拖着疲惫的身躯下班回家，热水器通过定位系统得知你已经在路上，自动预热水到舒适的温度，回到家就可以直接洗一个舒服的热水澡。回到家里只想窝在沙发上放松一下，你只需对语音助理喊一句"我回来了"，客厅就可以自动开启灯光、打开电视、空调自动打开定制专属舒适风、播放舒缓的背景音乐，同时安防撤防。这样你回到家就可以享受到一个舒适的居家环境，而且这些操作都是可以根据用户的需求来自由定制的。

### 场景二：专属于你的定制影院

晚上想看一部电影，需要调整很多设备，对于老年人和小孩子来说操作复杂。而在智能客厅，你只要对语音助理说"打开观影模式"，客厅就可以自动调暗灯光、拉上窗帘、关闭背景音乐。同时你再对语音助理说一句"你好电视，我要看××的电影"，电视就会自动搜索并播放，这时你就可以坐在沙发上舒适观影了（图3-14）。

在观影过程时，你想了解家里其他智能家电的运行状态，不用起身，通过电视就可以掌握全屋智能家电的实时状态和信息。你可以用电视控制全屋家电，当你感觉空调温度低了，就直接对电视说句"打开空调，温度调到23℃"（图3-15）；

图 3-14　智慧客厅联动场景 1

图 3-15　智慧客厅联动场景 2

家里空气质量差，空调还会自动开启净化功能。不论是衣服洗完、空调滤网脏了还是烤箱烤好了，电视右下角均会弹出提醒对话框，及时给你信息提醒。

场景三：让你毫无后顾之忧

早晨赶着上班，不用逐一关闭家电和灯，只要说一句"我要出门了"，开启离家模式，你就可以安心出门了。这时灯光自动关闭、空调关闭、空气净化器关闭、安防自动布防，联动状态下的扫地机器人开始清扫房间卫生。出门在外，你还可以通过 App 实时查看家中状态。

3. 典型产品

电视，不仅可以观看，还可以使用；客厅不仅是家庭娱乐中心，还能成为学习场所。

智能电视基于互联网应用技术，具备开放式操作系统与芯片，拥有开放式应用平台，搭载了操作系统，可实现双向人机交互功能，集影音、娱乐、数据等多种功能于一体，以满足用户多样化和个性化需求。带给用户更便捷的体验，已经成为电视发展的潮流。

智能电视包含远程控制功能、场景控制功能、语音交互功能、图像交互功能、多屏互动功能、运行模式自适应功能、用户习惯学习功能、视图截屏功能 8 个功能。

从现行的标准 T/CAS 543—2021《智能电视机智能水平评价技术规范》来看，智能电视应具备以下独特的功能：

➢ 图像交互功能：电视可以通过图像与我们交互。

➢ 多屏互动功能：电视页面可以与其他设备页面互传、互动。

➢ 运行模式自适应功能：电视可以根据播放内容自动调整效果以达到最佳观影体验。

➢ 用户习惯学习功能：电视可以通过声音识别家庭成员，对应匹配播放该成员的习惯、喜好内容。

➢ 视图截屏功能：电视能通过同一局域网的电脑、手机等终端进行快速截图，并分享画面，或保存游戏和学习过程等。

智能电视的运行模式自适应功能既能满足不同内容的最佳播放效果，又能通过调节合适的亮度、音量等参数避免电量的无故消耗，助力我们的低碳生活。

<br>

| 第六节 | 智慧阳台，时控天气 |
|---|---|

大家可能还不了解智慧阳台，但是试想一下，阳台装有健身器材、洗衣机、烘干机等，跑步结束，将健身服放进洗衣机，洗衣机会自动识别衣服的品牌、面料，匹配相应用量的洗涤剂及洗涤程序；清洗后放入烘干机，直接开启匹配好的烘干程序，然后可挂上晾衣架晒干，下次锻炼就能穿上干爽的衣物了。整个过程涉及阳台柜、洗衣机、烘干机、晾衣机、收纳柜等的配合。

### 1. 曾经的无能为力

晾衣物受天气影响：出门前刚把洗好的衣物挂在阳台衣架上，突发雨雪天气，人不在家，不能及时关窗，所晾晒的衣物可能被淋湿，若赶上梅雨季，衣物无法晒干。

### 2. 智慧阳台的构成及模式

智慧阳台（图3-16）拥有智能洗衣机、智能烘干机、智能晾衣架、风雨传感器、智能浇灌系统、智能遮阳板等，这样一套装备可以使洗衣、晾晒、种植花草、健身完全在你的掌控中。智慧阳台可以设置成洗衣模式、离家模式、风雨模式，匹配不同的生活场景。

### 场景一：为衣物提供"洗剪吹"全套服务

你设想过只说一句话，洗衣机就会开始工作吗？如说一句"帮我洗绒毯"，"聪明"的洗衣机就知道针对绒毯的面料选择对应的洗护模式，洗涤剂量、水量自动匹配。这样的语音智能操作带来的可是双手的全面解放。通过

图 3-16　智慧阳台

背景音乐中控屏不仅可以对洗护设备进行控制，而且能让洗衣机和晾衣杆有效联动，当衣物清洗完毕，晾衣杆会自动下降至适宜的高度，等衣物全部挂好，通过语音或按键控制，它会自动上升，从此晾衣不用抬手或弯腰，让主人感受到智慧阳台的便捷。

当你把洗好的衣物晾晒好外出，突然风雨交加，风雨传感器和智能窗联动，当风雨传感器检测到大风后，进入风雨模式，阳台窗户自动关闭，保护阳台及晾晒好的衣物不受影响。

场景二：爱护花草，阳台有责

阳台上摆放的花草也需要专人照看，一旦全家长时间出游，那花草可能面临干枯的危险。而智慧阳台的智能浇灌系统支持自动浇灌，可以提供长达12周的水和养料，让植物在最佳环境中生长，主人可尽享全家出行。

场景三：安心做一只"小懒猫"

冬日暖洋洋的午后，很多人想像一只小猫那样在阳台温暖的阳光下小憩，和家人在阳台晒晒太阳享受生活，但是忽强忽弱的紫外线可能在无形中伤害皮肤。而智慧阳台的智能遮阳板会自动打开或关闭，在不影响主人休息的情况下避免紫外线伤害皮肤。

3. 典型产品

（1）智能全自动洗干一体机

骤变的天气、突发的应酬、即兴的出游……生活中，你需要随时就位。智能全自动洗干一体机可以让你享受高效便捷的洗烘体验，即洗即穿，灵活应对突发情况。

智能洗干一体机的"一小时快速洗烘"可以为人们节省时间。对于初为人父、人母的年轻人来说，一体机更能帮上大忙。婴幼儿皮肤娇嫩敏感，洗干一体机针对婴幼儿衣物进行蒸洗、洗涤、烘干处理，自动调节至适合婴幼儿衣物的水温、烘干度及杀菌效果，洗后蒸汽桶的自清洁功能为我们的生活提供多重保护。

（2）智能晾衣架

智能晾衣架（图3-17）是在传统手摇晾衣架的基础上改良的，具有多种功能。智能晾衣架除了保留了原有自动升降衣架的功能，还可以进行定时。当你没有时间晾衣服的时候，可以设定时间，如可以设置在日晒最充足的时候，让衣架升起，使我们晒衣物的时间更加合理化，最大限度地保证了衣服晾晒的时间。除了定时升降，其在升降过程中遇到阻碍物时，会自动停止，如其下降过程中遇到人就会自动停止。这样的功能不仅可以避免智能晾衣架因碰到物体而损坏，而且可以避免家中物品及家人碰到衣架而损坏或受伤。其第三个智能功能就是可以智能烘干，这也是传统的晾衣架没有的功能，当你把潮湿的衣物放在晾衣架上的时候，可以设置烘干、风干模式。这样衣物就可以快速被烘干，省时又省力。南方天气比较潮湿，冬天衣物难干，因此这是一个非常不错

图3-17 智能晾衣架

的功能。其第四个智能功能是紫外线杀菌，这个功能对于人的身体健康是非常有好处的，衣服如果没有晾干，会滋生许多细菌，开启这个功能可以进行紫外线杀菌。这样可以使衣服既干爽又有利于人体健康。

# 第七节　智慧玄关，门面担当

玄关给人一种领域感，是一种礼节"智慧"，能让人很快从外界环境融入家的温馨。一个人性化的智慧玄关是你回家回归简洁舒适的保障，也是你出门征服世界的武器宝库。

### 1. 曾经的无能为力

担心外出回家衣服、鞋子上有细菌：外出回家，衣服、鞋子无法进行消毒，回家后心存疑虑，束手束脚。

牵挂独留家中的父母：很多出门打拼的年轻人都会留年迈的父母在家，老人在家中可能遇到危险或困难，这让子女很难放心，总会担心家中情况。

鞋忘记清洁：出门前打开鞋柜才发现，原本今天要穿的鞋忘记清洁了，无奈只能穿上未清洁的鞋或另一双不合场合的鞋子，这可能会让你一整天不在状态。

你可能很难想到，这些心理或生理的困扰都可以通过仅占方寸空间的智慧玄关解决。

### 2. 智慧玄关的构成及场景（图3-18）

智慧玄关由智能门锁、智能鞋柜、智能摄像头等设备组成，几个智能设备联动能让你的玄关充满智慧，帮你构建舒适的生活场景。

图 3-18　智慧玄关的构成

场景一：全家的保护屏

自新冠肺炎疫情暴发以来，人们都比较注重消毒，每次回到家都要手动用酒精等喷洒消毒，但有了智慧玄关，你可以把脱下来的鞋子和外套分别放进智能鞋柜和衣物护理机，它们会自动对你的鞋子和衣物进行除尘护理、杀菌消毒，如果你家里来了很多客人，将客人的衣物、鞋子放入智能鞋柜和衣物护理机，省时省力又省心。

场景二：让你的关心"有的放矢"

人们上班时都会遇到各种身不由己的情况，加班到深夜无法回家、出差几天无法回家，对家的牵挂时刻萦绕在心头，尤其是家中有老人、孩子或宠物的。有了智慧玄关，多少会缓解一些焦虑。一键查看家里的实时场景，家人开门回家时，可联动智能网络摄像机抓拍上传至手机软件，同时可随时远程查看家人的居家状况。

3. 典型产品

智能鞋柜（图 3-19）多采用臭氧杀菌，在封闭条件下利用臭氧把产生臭味的分子分解。因为臭氧祛除异味性能极好，其依靠强氧化性可破坏产生臭味物质的分子结构生成无毒、无臭的物质，从而保证没有异味溢出影响居家的环境。除此之外，智能鞋柜还具备以下功能。

防霉祛潮：其通过发热风循环系统冷凝除湿，在不损坏鞋子的情况下达到祛湿的目的，使鞋子保持干爽，防止其发霉。即使在寒冷的冬天也能每天穿上温暖干爽的鞋子。

图 3-19　智能鞋柜

安全：其开门断电，臭氧泄露会有报警提示，可放心使用。

擦鞋：其拥有自动擦鞋功能，让你的生活更便捷。

分立功能区：其功能区分立，可满足不同的需求。

时钟功能：能够显示日期、时间，提醒主人出行。

液晶显示屏：其具有动态显示及倒计时功能，LCD加蓝色背光显示，避免对眼睛的辐射和伤害，同时具备开门照明功能，方便主人挑选鞋子。

节能：其节能性好，耗电量每月 2～3 度。

时尚：它是普通鞋柜的升级和替代产品，制作工艺精细，造型美观大方。

# 第八节　智慧安防，智能"门神"

从目前的智能家居市场来看，在智能门锁的带动下，智慧安防类产品越来越受用户的喜爱。智能门锁作为用户的常见选择，以智能门锁为中心的家庭安防场景布置有了更广阔的想象空间（图 3-20）。

智能门锁、智能猫眼、门磁、人体传感器、水浸传感器、智能门窗开合器、智能开关、智能窗帘等智能家居硬件的组合使用，满足了大部分用户对安防的需求。

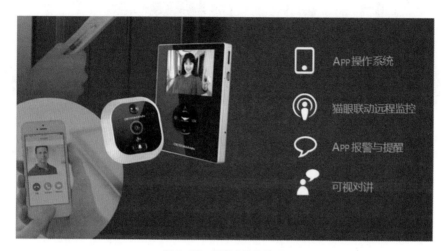

图 3-20　智慧安防的构成

1. 曾经的无能为力

难以及时发现家中被盗：房主出差或旅行回来才发现家中被洗劫一空，此时报警也错过了最佳时机。

房主离家后发现忘关水龙头、煤气阀时的追悔不已：房主离家后突然想起忘记关煤气阀，或从监控中看到水龙头肆无忌惮地流水，此时就算你心急如焚，也不能立即到家，心中定会懊悔不已。

2. 智慧安防的构成及场景（图 3-21）

智慧安防由智能门锁、智能猫眼、智能灯、智能开关、人体传感器、水浸传感器、电磁水阀、天然气报警器、智能燃气阀、烟感报警器等智能设备组成，各设备间形成联动，还可以根据生活需要设置不同的模式。

场景一：让你的家如铜墙铁壁

家门口一旦有人，智能门锁（智能猫眼）经过图像分析判定为陌生人，

图 3-21 智慧安防

便会打开灯光，如果陌生人仍长时间逗留，其就会将图片或报警信息发送到你的手机。你还可以选择另一种安防模式，当家人全部外出时有陌生人进入，其就会进入自动警报状态。

场景二：治愈你的强迫症

你出门后再也不用担心水龙头、煤气阀是否关闭。在厨房或卫生间安装水浸报警器、电磁水阀上安装电动开关，一旦检测到水泄漏，电磁水阀就会自动关闭。天然气报警器和煤气阀电动开关联动，一旦天然气泄漏，天然气报警器就会联动煤气阀关掉煤气，并开窗通风。

3. 典型产品

当之无愧的"门神"——智能门锁（图 3-22）可以通过智能手机远程控制，输入设置好的密码，门会自动打开，这样再也不必担心忘带钥匙或钥匙丢失了，家人也可以通过远程操作为你开门。对于安全，Wi-Fi 智能门锁具有更完善的保护机制，授权过的任何人开锁、上锁、反锁都可以及时掌握。

图 3-22 智能门锁

智能门锁涉及的主要技术有机电一体化技术，生物识别技术，云存储技术，影像、电子类（卡、密码、NFC 等）、通信技术（ZigBee、ZigWave、蓝牙、WiFi 等）、机械结构设计，电子电路技术，等等，基本涵盖了电子、通信到机械结构设计和制造的大部分应用技术。其中，机械结构设计技术为锁具备的传统技术，其他均为智能锁发展过程中引入的新技术。

参考专业标准 T/CAS 352—2019《智能门锁智能水平评价技术规范》可深入了解智能门锁具备的 11 种功能，即指纹开锁功能、密码开锁功能、射频技术开锁功能、组合开锁功能、远程管控功能、智能监测与报警功能、语音提示功能、实时监控通信功能、场景控制功能、权限分级功能、反锁检测功能。

其中的智能监测与报警功能，能监测实时电量余量，当电量过低时自动报警，提醒用户及时更换电池或充电，既能避免用户打不开门锁的尴尬，又能通过报警的方式为用户时刻敲响节能的警钟。

## 第九节　智慧环境，健康卫士

随着人们对高品质生活的追求，对于家庭空气环境，人们已经不简单地满足于单项指标，而需要温度、湿度、洁净、风感等健康、舒适的多重指标。这就需要空气净化器、新风机、除湿机等智能设备间的协调联动，随时精准检测室内的温度、湿度、清洁度变化，从而作出最优的处理，这样才能保证室内空气环境好，保障家人健康。

### 一、智慧空气

#### 1. 曾经的无能为力

空气成为隐形"刺客"：人们吸入高污染空气时不易察觉，当咽喉不适甚至引发疾病,需要药物介入治疗时,才会提起注意,高污染空气这种隐形"刺客"让人防不胜防。

2. 智慧空气控制系统的构成(图 3-23)

这时你可以用这样一套智能家电来"清洁"空气:云平台、智能空调、智能除湿机、智能新风机、智能加湿器等。有了它们,不仅能提高室内空气质量,空气的温度、湿度、清洁度等都被控制得恰到好处,让你每次呼吸都是享受。

图 3-23  智慧空气控制系统

3. 全屋空气

全屋空气具有流动性、透明性的特点,仅通过某台智能家电难以让整个房屋的空气质量得到保证,所以这里将为大家介绍整个智慧空气控制系统,看看什么才是真正的"智慧空气",其能为我们做些什么。

参考 T/CAS 354.3—2019《基于大数据的智慧家庭服务平台评价技术规范 第 3 部分:室内空气环境》,其中规定智慧空气系统应具备如下功能:

➢ 空气质量分析功能:通过平台收集用户健康数据,室内的温度、湿度、颗粒物、气态污染物、氧气、二氧化碳等环境数据，器具运行时间、室内人数等数据，根据平台定义的标准值（或用户自行设定的目标值），利用内置算法自动分析数据，自动生成图表等。

➢ 温度调节功能：平台应根据用户设定的温度、时间、模式等参数，以及室内人员数量、室内温度、室外温度等数据，自动启动一个或多个器具，快速、便捷地满足用户对室内空气温度的需求。实施方法举例：

a）根据用户习惯，提前启动一个或多个空调。

b）根据室内需要热量的高低，或根据室内人数的多少，通过空调变频、风速变化、空调和电风扇联动等，使温度和风速最优结合，快速实现温度需求。

➢ 湿度调节功能：平台应根据用户设定的湿度、时间、模式等参数，以及室内湿度等数据，自动启动一个或多个器具，快速、便捷地满足用户对室内空气湿度的需求。实施方法举例：

a）根据室内空气的当下湿度、用户习惯和设定的参数，提前启动空调、除湿机或加湿器。

b）根据用户设定除湿（加湿）时长、空气湿度的高低，自动决策启动空调、除湿机、空调和除湿机联动、加湿器等。

➢ 洁净度调节功能：平台应根据用户设定的目标污染物（主要分为颗粒物、气态污染物、微生物）参数，以及 $PM_{2.5}$、甲醛、VOC（挥发性有机化合物）等含量，自动启动一个或多个器具，快速、便捷地满足用户对室内空气洁净度的需求。实施方法举例：

根据室内 $PM_{2.5}$、甲醛、VOC 等含量，自动或定时启动空调、空气净化器或空调和净化器联动。

➢ 新风调节功能：平台应根据用户设定的氧气或二氧化碳等参数，以及室内人数等数据，自动启动新风机、空调等器具，快速、便捷地满足用户对室内新风的需求。实施方法举例：

a）通过判定室内氧气、二氧化碳、一氧化碳等含量，自动启动空调、新风机等器具。

b）用户在有氧健身时，空调、新风机智能联动，从而净化空气、提供充足的氧气。

c）根据器具的运行情况，如过滤网是否清洁等，自动判断、启动适合的器具。

d）判断器具蒸发器清洁、滤网脏堵程度，自动启动清洁或提醒用户清洁。

e）空调换新风时，自动启动全热交换技术，使新风接近室温，避免室内温度冷热不均，兼顾节能。

➢ 风感调节功能：平台具备个性化、智能化送风功能。实施方法举例：

a）通过感知老人、儿童、成人、患者等情况，分区送风。

b）根据用户身体温度、用户习惯等，自动执行"风追人"或"风避人"模式。

c）自动判断制热、制冷模式，实现送风口的自动调节。

d）温度自平衡技术可使吹到人体的是凉而不冷的舒适软风。

e）多温区送风技术可以实现多区送风，为不同的人群送不同的风，实现了温度和送风的个性化。

f）可提供自然风、海洋风等不同风。

➢ 内容服务功能：平台可提供天气预报、娱乐影音、新闻资讯、定时提醒等服务，能根据用户使用数据提供个性化增值服务。

➢ 场景定制和学习功能：用户可根据自己的喜好定制个性化、分区控制等场景，通过多器具联动对居室空气温度、湿度、洁净度、新风等实现智能管理；并记录用户的使用习惯，预测用户的使用行为，自动执行用户个性化场景服务。

注：卧室、客厅、厨房、餐厅、浴室等分区控制。

➢ 智能语音交互功能：平台具备智能语音交互功能。

> 图像及手势交互功能：平台具备图像及手势交互功能。

> 生物特征识别功能：平台、控制终端、器具通过一个或多个个体的生物特征（指纹、指静脉、人脸、虹膜等）和行为特征（笔迹、声音、步态等）进行个体登记、验证或识别。

> 通信功能：平台具有内部通信功能，通过信息的上传与下发实现信息的分析、处理、存储、展示及命令执行。

注：通信方式可以是有线或无线，如网线、Wi-Fi、蓝牙、ZigBee 等；通信的内容可以是水质、空气、健康、服务、场景联动等。

> 平台性能效率：平台在执行功能时，响应时间不超过 5 秒，吞吐率、平台的并发用户数按照制造商声明具备扩展能力。

> 器具的智能化水平：器具具备感知、执行功能，与平台、智能终端可进行有效的交互；器具具备决策、学习功能，可通过数据的交互，由智慧浴室系统、平台、智能终端进行学习和决策。

## 二、智慧用水

### 1. 曾经的无能为力

不敢直接饮用的饮用水：水中的微量元素对人的身体健康起着关键影响，但在你不知道直接饮用的水含有害物质还是有益物质的情况下，还敢饮用吗？

身体"被迫"缺水：现在人们的工作生活节奏快，不经意间就会忘记喝水，有时一整天工作下来，发现早上的一杯水下班时还剩了一大半，身体经常缺水，容易引起健康问题。

### 2. 智慧用水系统的构成

云平台、智能饮水机、智能软水机、智能净水机等能组成一套基本的智慧用水系统，可保障全屋干净健康用水，保障人的饮水安全。

### 3. 全屋用水

水具有流动性，这个特点使得某一智能家电难以保证全屋的健康用水。

这里引用 T/CAS 354.8—2020《基于大数据的智慧家庭服务平台评价技术规范 第8部分：智慧全屋用水》，来介绍各款智能家电联动，从而实现整个家庭的智慧用水。

- ➤ 全屋用水数据分析及主动服务功能：器具通过收集用户用水的水质、水温、用水时间、流量、水量等参数，根据平台定义的标准值（或用户自行设定的目标值），利用内置算法，平台自动分析数据，自动生成图表等分析结果。

- ➤ 智能监测功能：平台具备智能监测水压、用水量、水浸、漏水等的功能。

- ➤ 水温智能管理功能：平台具备智能按需、及时为用户提供温度舒适的洗浴、洗漱、洗刷等生活用水的服务功能。

- ➤ 水质智能管理功能：平台具备对入户自来水、净水、软水等生活用水的水质、器具状态监测的服务功能，具备对故障、异常等自反馈、自报警、自处理的功能。

- ➤ 用水量智能分析功能：平台具备采集器具的运行时间和水表的用水量，并通过内置算法统计每个器具用水量的功能。

- ➤ 水摄入量智能管理功能：平台具备采集净水、过滤等饮用水数据，并智能统计用户日饮水量的功能，以及提醒用户按时、定量饮水的功能。

- ➤ 场景定制和学习功能：平台具备记录用户的使用习惯、预测用户的使用行为、自动执行用户个性化场景服务的功能。

- ➤ 内容服务功能：平台具备提供政府、家庭用水水务维修、水质预警、天气预报、娱乐影音、新闻资讯、定时提醒等增值服务功能，以及提供个性化增值服务的功能。

- ➤ 智能交互功能：平台具备智能语音交互的功能及图像、手势等行为交互的功能。

- ➤ 通信功能：平台具备内部信息交互功能，以及信息的分析、处理、存储、展示等功能。

➤ 平台性能效率：平台在执行功能时响应命令及时，吞吐率、平台的并发用户数符合其声明，具备可扩展的能力。

➤ 个人信息安全影响评估：平台在执行其功能时，满足对用户的个人信息和个人敏感信息数据安全保护的基本要求。

➤ 生物特征识别功能：平台、控制终端、器具具备使用一个或多个个体的生物特征（指纹、掌纹、指静脉、人脸、虹膜等）或行为特征（笔迹、声音、步态等）进行个体登记、验证或识别的功能。

无论是全屋智慧空气还是全屋智慧用水，智能平台通过合理决策、智能判断与执行，像贴身管家一样将全屋的空气质量、温／湿度控制在人体最舒适的状态，并在保证用水质量的前提下合理化用水量，为用户时刻监控用水情况。通过全屋无死角的控水、控电，助力我们的低碳生活。

# 第十节 ｜ 智能设备，贴心助手

智能家居的快速发展带动了小巧便捷的智能设备市场，智能音箱、智能手表等逐渐成为人们常用的设备。其智能化、性价比、便携度、品质感和高效性等也让年轻人对此类设备的消费更具倾向性。这里介绍两款近两年大家相对熟悉、销售火爆的产品：智能音箱和智能手表。

## 一、智能音箱

智能音箱是一种音箱升级产物，是消费者可以通过语音与网络互动的一种工具，如点播歌曲、上网购物或了解天气预报情况等，人们还可以通过它对智能家居设备进行控制。

### 1.语音交互体验

从 2014 年亚马逊公司推出的智能音箱开始，基于语音助手的超强交互一直是智能音箱的核心优势。目前，国内推出的智能音箱也在语音交互方面进行了深入改进，提升了智能音箱对自然语义的理解。用户可以通过语音来操控智能音箱，从基础的语音点歌到相对复杂的上网购物，语音交互是智能音箱的核心功能。

### 2.有声资源播放

音箱作为一种播放载体，离不开内容的支撑。对于智能音箱来说，内容不只是音乐，还包括各类有声资源。以京东推出的叮咚智能音箱为例，其与百度音乐、考拉 FM、喜马拉雅 FM、得到、今日头条、腾讯等合作，在叮咚智能音箱上搭建了很多音频内容，让用户有更多的内容选择，以满足用户对于内容的多方面需求。

### 3.智能家居控制

智能音箱一直被看作未来的家庭智能控制终端，这也是各大制造商十分看重的点。从现阶段的发展情况来看，智能音箱已经能够控制部分智能家居设备，就像一个万能的语音遥控器，可以控制灯光、窗帘、电视、空调、洗衣机、电饭煲等智能家居设备。但这一功能的实现需要家居设备支持，所以在智能家居设备尚未普及的情况下，智能音箱想要成为家中的控制终端还需要很长一段时间。

### 4.生活服务

生活服务也是智能音箱非常重要的功能之一，可以通过与支付宝、滴滴出行、高德地图等第三方应用合作，提供查询周边、餐厅促销信息、路况、火车票、机票、酒店等信息。背靠强大的电商平台，用户通过语音就可以借助音箱实现购物、利用第三方应用，以及获得其他类型的生活服务。如打车、订机票、订餐厅、查物流等，可以在不打开手机的情况下，通过语音交互的方式达到人们想达到的目的。

5. 生活小工具

基于家庭的使用场景，智能音箱还开发了一些非常实用的程序。如有些智能音箱具有计算器、单位换算、查限行、留言机等功能，在日常生活中，其用途很多，而且相比于人们常用的智能手机，智能音箱只需"动嘴"，相对更加方便。

## 二、智能手表

如今的智能手表不仅具备计时功能，而且围绕健康、运动、通信等开发了功能，集运动健康、语音服务、信息助手于一体，已成为人类的健康助手。

健康管理：血糖管理、跌倒检测、体温检测、血氧饱和度监测、心率监测、心脏健康监测、睡眠监测、压力监测都可通过智能手表实现，主要技术功能丰富，包括：

- ➢ 更换表盘：多款精心设计的经典、数字、运动表盘。
- ➢ 蓝牙通话：手表升级到更高的版本后支持通话。
- ➢ 信息提醒：来电、短信、邮件、App 信息推送。
- ➢ 语音服务。
- ➢ 运动状态识别：走、跑、登高、走楼梯识别。
- ➢ 运动数据统计：单次、全天记录。
- ➢ 能量消耗统计。
- ➢ 站立数据统计。
- ➢ 蓝牙：信息传送。
- ➢ 地图导航。
- ➢ 各地时间显示。

# 第十一节 ┃ 智慧生活蓝图

生活充满智慧是什么样的？让我们从衣食住行为你描绘出智慧生活蓝图。

## 一、衣

未来的衣服将非常独特，衣服的材料会进行特殊处理，能根据冷暖智能调节，满足不同环境需求，方便人们生活。如天气变冷，你不用加衣服，衣服会根据人体体温与外界温度自动调节，让人感觉舒服。在未来，衣服会为人们提供更好的健康、便捷、舒适的服务，如智能化服装能随着环境的变化自动调节至保暖或散热模式；防污抗皱性能进一步增强，可以减少洗熨打理次数；防紫外线、抗菌、浮力等性能加强，为人们的健康提供了更多保障。

智慧阳台是洗衣、晾衣的主战场。烦琐的洗衣过程因为智能家电产品的互通互联更加简化。洗衣机洗完衣服后，晾衣架可以自动落下，或干衣机自动调整为合适的烘干模式，无须手动调节。除了衣物护理机、叠衣机、洗鞋机等智能产品，人们还能体验到这些家电与家居产品在新场景中的相互合作。如叠衣机放在阳台后，可以与晾衣架形成互联，衣物晾干后可以自动叠放整齐，再也不用动手叠衣服了。提到智慧阳台，除了定制一台洗衣机，还有一部分人需要一个定制化的健身区域。阳台同时拥有健身器材、洗衣机、干衣机等，运动结束将运动衣放进洗衣机，它就会自动识别衣物的品牌、面料，匹配相应的洗涤剂和洗涤程序；清洗后投入烘干机，直接开启早已匹配好的烘干程序。这需要家装、水电及阳台柜、洗衣机、干衣机、晾衣机、收纳柜等软硬件的无缝衔接与配合。

当然，满足人们对衣物方面的新需求仅靠阳台是远远不够的，届时，玄关、衣帽间、浴室、厨房等会打破物理界限，实现互联、互通、互操作。

智慧衣帽间中的衣柜以一种高姿态向着智能化、人性化、艺术化的方向发展。智能衣柜就像一个空调房，始终为衣物提供一个好的储存的湿度、温度。通过调节柜体内的湿度和温度保持衣物光洁如新，防止霉变虫蛀。对于鞋柜，除了存放功能，它还能为用户的健康提供保障。从产品到场景的升级，鞋柜智能化是整个闭环中的重要衔接。杀菌消毒、除臭净味、自动擦鞋、快速烘干等都是为我们脚部健康保驾护航的关键性功能。

面对家里的智能镜试衣发现旧衣服不合身或不满意，直接告诉智能镜自己想要的种类、品牌、款式或要出席的场合，镜面就能直接弹出衣物照片，进行虚拟试衣，感觉合适就下单，不合适就重新选。这样足不出户的沉浸式购物，谁不喜欢呢？试想一下，女主人提出"参加同学聚会穿什么"的问题，智能镜语音回复穿搭建议，界面同步效果图、实物照片；给男主人定制西装，给宝宝搭配潮牌童装。结束后，女主人的丝巾放进空气洗洗衣机，除菌的同时达到蓬松效果，男士商务西装放进衣物护理机。这样覆盖服装、家纺、洗衣液、皮革等多产业链、全流程的智能化产品为我们提供所想即所见、所见即所得的智慧生活。

人们享受的是洗、护、穿、搭、购、收一条龙服务，所以，家既是服装店，也是干洗店，还是我们洗衣护衣的贴身顾问。在家里就可以洗衣服、买衣服、试衣服、保养衣服，还能体验和定制衣物全周期管理的智慧家庭场景。

## 二、食

关于饮食，从食材的养殖、培育到采购、存放、加工，再到烹饪，最后到消化排出，食物对于我们来说重要且复杂。

从养殖来说，智能畜牧业能通过标签识别技术实现对每头牲畜的准确识别，记录其品种、质量、体温，同时通过图像、视频对其定位、饲喂管理、生长监控、监管，甚至能掌握任一头的行为；能通过监控个体行为智能调节饲养场温湿度、采光、通风等；通过周期性监测实现疾病预警、异常提示；对产出肉制品追踪记录，保障消费者入口的肉都能溯源，这样的养殖方式想必是养殖大户梦寐以求的，在室内就能完成全部管理，而且在提高安全保障的同时降本增效、提升收益。

食物从厂商到我们口中，中途的必经之路便是超市。智能的买和卖为我们和商家节约时间、增添趣味。若喜欢逛超市的感觉，则可以随时接收附近超市的消费券或折扣消息，若是享受宅乐趣的则可通过手机、电视等的屏幕轻轻一点或说一句话，智能定位即刻找到最符合你需要的店家，食物随即送到家。如果不放心，VR 眼镜可以带你深入观察货架上的食物，以判断是否符合你心意，如果为了更便捷，冰箱里缺少必要清单里的任何一种，可以自动下单，自动送货上门。

食物送到后，智能电冰箱时刻记着食材的新鲜程度，能根据其存放的食材搭配合理的健康食谱并推送给用户，能牢牢记住每位家庭成员的饮食习惯、身体健康数据等，为每个人提供有针对性的膳食建议。将食材取出，紧接着走进的便是能让烹饪更快乐的智慧厨房：人进去就会自动打开能调节亮度的灯，一检测到你拿出了冰箱里的食材，厨具就会由待机状态自动开启；一检测到你在客厅有没看完的影视节目，显示屏就会继续为你播放。

智能马桶通过分析人类排泄物，联合体脂秤的数据，分析你最近的身体健康状态、深度睡眠时间、运动量等，为你定制推荐食谱。当你进入厨房准备做饭时，智能厨房会提醒减少油脂摄入、增加维生素含量丰富的食物，这样形成闭环，让你享受贴身管家的人性化服务。

总之，未来的生活家庭设施都是智能的，做饭、打扫卫生、洗衣服等都由机器来完成。下班回家只要按下按钮，就会出现一个机器人，在操作界面上选择需要的服务，如想要吃饭，选择就餐服务，在服务中选好菜单再按下按钮，机器人会根据菜单自动给附近的超市发送配菜订单，未来的超市中有的都是无毒无害的绿色食材，超市收到订单就会以最快的速度把所需菜品送到，几分钟后，智能机器人就可以把可口的饭菜端上来。你吃完后机器人还能自动收走碗筷清洗。

## 三、住

智慧家庭的建设涉及建筑行业、装修行业、家电行业、物联网（Internet of Things，简称 IoT）行业，这是一个跨生态、跨行业的产业链，会充分考虑智慧家庭的可升级性和可扩展性。智慧房屋居住的空间更合理、基础设施更完善，以人为本，我们的建筑设计初期会考虑并预留对应空间的接口，这样才能避免后装造成的简单物理叠加拼凑，实现整屋整体智慧化。

所以，智慧房屋前装设计会考虑：空间设计和基础设施设计。空间设计包括玄关、厨房、卫浴间、客厅、卧室、阳台等，基础设施包括全屋用电、用水、网络、系统平台等。在这两方面考虑全面的基础上，实现家电、家居与空间融合，让家庭内部跨品牌、多品类、多系统融合成一个有机体，通过主动对周围环境感知、人的特征感知、机器自身状态的感知，与标准化、个性化服务需求结合，结合形成服务闭环。

当然，智慧健康生活不只有房子智能化，还有人生活质量整体的提高。有了智能家居设备，人们再也不用担心屋外的雾霾影响室内的空气质量了。进到室内摘下口罩，屋内的空气质量就要靠空气净化器、空调、新风系统等来处理和维持。但这绝不代表每种设备各自为营地工作，我们拥有的是互联互通的空气净化系统。它能收集用户的健康数据，能收集室内温湿度、颗粒物、气态污染物、氧气含量等环境数据，还能实时监测室内人员数量、活动量，实时调整调配空气净化器、加湿器、空调、新风、除湿机等的组合方式，以及具体的制冷制热模式、风速、预开时间、运行时长等。作为为整个家庭服务的系统，必然涉及用户多样性及极具个性化的需求：同样是"送风"，出风口能针对家庭中老人、儿童、成人、患者等不同成员区别送风；同样是"送风"，其具备"风追人"和"风避人"的能力；同样是"送风"，其可以根据不同主人的喜好，提供自然风、海洋风等多种风感的送风方式。

居住离不开另一大因素，即为"用水"。这就需要饮水机、热水器、破壁机、咖啡机等设备间的智能联动和大数据平台的管理控制。作为智慧生活的主人，家庭中的用水系统能深入熟识家庭成员的用水习惯、用水时间、流量、水量等参数，还能实时监控当地的水质、水温，合理调整运行逻辑和算法，时刻保持最优的水质和满足用户需求的水温、水量等，能通过生物识别技术将家庭成员个人与饮水数据正确匹配，提醒家庭成员按时定量饮水，让用户养成健康的饮水习惯。

房间内的空气是干净的，温度是适宜的，用水的水质和水温是自动调节且符合主人需要的，影视、音乐是自己喜欢的类型，碗碟餐具不用亲自动手清洁，沙发座椅、床垫都是符合人体工学的，等等。感觉家里脏了，只要选择打扫卫生按钮，就会有机器人来完成，它可以按照我们的要求整理房间、打扫卫生，让家里一尘不染，让人赏心悦目。在未来的家中，还可以通过机器人来控制家中的各种电器，如灯光、窗帘、影音等智能设备。只需说"开灯""打开窗帘""打开电视"，就能实现机器人对多种设备的多项操控。此外，在未来的家中，通过自然语言的输出，机器人就会使家中的各种设备给出智能化反馈。如"我现在需要安静一会儿"，机器人就会把影音设备关闭；说"我现在很热"，机器人就会把空调自动调低到预设温度……机器人还会自动根据人在睡眠过程中的动作和睡姿调节空调温度，通过人工智能技术将家居环境变成一个与人可自由互动，并且感知人类行为的交互模式。这样的场景居住环境才是真正的智能健康生活。

## 四、行

从踏出房门的那一刻起，智慧出行就开始了全程陪伴。无论是代步工具还是精准定位，都让我们享受到了智慧服务。

以"人、车、路、城"四个维度为代表的智慧出行要基于互联网、计算网两大基础设施，且离不开时空网这一重要的数字新基建基础设施。以厘米或毫米级甚至更小距离单位的空间感知，以及纳秒级甚至更小时间单位的时间同步为核心，结合人们出行使用交通工具习惯、同行人数、路况信息等大数据，以云计算和移动互联网为基础，通过包括人工智能在内的一系列算法帮助机器计算，让机器获得一个自主决策的最优方案。从微观角度看，当车面临"从哪里来，到哪儿去"的问题时，时空网可通过精准的时空感知和决策力控制车辆行驶。从宏观角度看，时空网就是智能社会生活的赋能器，如基于实时精准的时空感知的人车协同、车车协同、车路协同所构成的交通智能就是城市大脑的一个重要组成部分。

在"车"这个核心交通元素上，既包括无人驾驶的实时监控、新能源汽车的电余量及最近充电站的导航，也包括绿色出行的共享单车的单车高精度定位及电子围栏停车，使得共享单车管理更规范，更好地助力智慧出行。这些都是借助的"路网""城网"的数字化、智能化管理。具体到个人对车的根本诉求无外乎两方面：安全和舒适。出行安全是一切的基础，需要人车之间的安全交互，以及车能提供驾驶员异常行为检测、路况异常检测、车辆异常检测等。对于舒适体验，人们需要的是"服务找人"，而不是"人找服务"。冲破物理界限，车内和车外的一致体验，我们不用关注资源是谁提供的，只享受服务即可，车外的音乐在手机上播放，入车连接后自动接续到车机，音乐通过车机音箱输出等。不同场景下的无缝切换，汽车拥有更好的通信天线，和手机的通信功能结合；导航的时候综合使用车机、手机 GPS 数据，精确导航；语音交互的时候综合手机和车机的优势，在语音唤醒、语音识别等功能上取长补短，达到单设备做不到的更好的效果。可以实现人 - 车 - 家业务全场景体验，业务场景间无缝衔接，如在手机、穿戴设备上订阅的服务或获取的信息可以在车机上匹配服务，从而更方便用车（有声书上车续听、日程待办上车提醒、路径推荐、加油站 / 停车场推荐等），通过全场景数据交互实现对车主全面的洞察和理解，将车机变成车主的贴身智能助理。

在未来的生活中，我们自己驾驶汽车已经不是必要条件，汽车会为不想开车的人配道路机器人，道路机器人与汽车是一体的。只要坐上车，输入目的地，无人驾驶汽车就会自动送你到目的地。未来也可能有实体机器人提供搬行李、开关车门等服务。在未来的生活中，不用担心汽车尾气排放污染空气的问题，因为未来的汽车都是电力汽车和磁悬浮汽车。

## 第四章

# 智能家居的支撑

　　智能家居让我们有限的空间拥有了无限的可能，简直是个魔术师，它手中的魔法棒轻轻一挥，就能为我们随心创造出美好生活场景，这些百变的魔术是如何做到的呢？接下来就带大家了解魔术师背后的秘密。

第一节 │ 黑科技

　　与普通家居相比，智能家居不仅具有传统的家电功能，而且兼具建筑、网络通信、信息技术、设备自动化等功能，提供全方位的信息交互功能，还能更节约能源。功能强大的智能家居能感知、交流和服务，这让原本冷冰冰的家电变得有"人情味"，这些都要归功于有"温度"的科技。

　　如果把这样"聪明"科技产品比作人体的话，那各项技术所支撑的智能功能就相当于人类的各个器官的作用，模型见图 4-1。

图 4-1　各项技术所支撑的智能功能

　　由图 4-1 可以看出，智能家居系统和人一样，首先需要有各类传感器（如上文介绍的水气传感器、温湿度传感器）来感受居家各处的状态，类似人类的感知；然后将感知到的信息传到系统的云端，云端利用芯片算法推测当前环境，这类似于人类大脑的工作；智能家居系统中的麦克风阵列、音箱、摄像头加载了对应的人工智能技术后就可以分别胜任人类的耳、口、眼的

"岗位"；当然，"执行力"也是我们衡量它的重要指标，各个执行机构的配合动作、自主导航系统则是接收执行信息后的人类的手和脚。最后，智能家居系统需要加载物联网系统来承载人机交互、通信、大数据、机器学习、云计算等人工智能功能。下面对这些高科技作一一介绍。

## 一、物联网操作系统

通俗来讲，物联网操作系统是不同设备的统一语言。

从互联网、移动互联网的发展看，互联网有 Windows、mac OS 电脑操作系统，移动互联网有 Android、iOS 手机操作系统，"万物互联"的物联网时代，也要有符合这个时代的操作系统，目前，谷歌、华为分别发布了 Fuchsia OS、Harmony OS 物联网操作系统。

图 4-2 介绍了这个操作系统最终的实现。

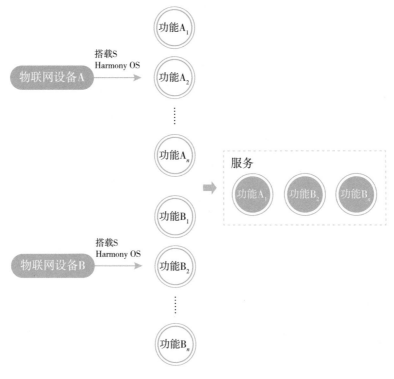

图 4-2　物联网操作系统

在 Harmony OS 中，所有物联网设备都是众多"功能"的合集和物理化。如图 4-2 所示，搭载 Harmony OS 的 IoT 设备的任一功能都可以调用，任意组合为用户提供服务，突破设备的有形界限，满足用户任意场景需求，实现全场景的智慧生活。目前，物联网操作系统已经实现了万物互联、跨设备、极速直达、可视可说，当我们感受不到电子设备的存在服务我们的生活，但还能满足我们的生活需求，就说明智能家居连通和工作的完美。

## 二、软件的算法

智能家居与传统家居的主要区别就是智能家居极大地增强了与用户的交互，让家居不再只是冷冰冰的摆设，而是有感情、有温度的贴心"管家"。这种交互能力除了取决于设备硬件的进步（传感器与硬件性能），还依赖于软件算法的提升。传感器让智能家居能"看到""听到"发生了什么，而软件算法让智能家居能"看懂""听懂"发生了什么，并与我们进行交互。

### 1. 大数据

万物互联时代，大到云端服务器、大型商用多联机组，小到智能手表、眼镜、针孔摄像头，都能实现互联互通，随时随地进行信息交互和传递，这样就存在我们看不见的数据随时在传递。这也说明我们进入了大数据时代。

2010 年 10 月，麦肯锡在《大数据：创新竞争和提高生产率的下一个新领域》的研究报告中正式使用了"大数据"一词，并最早提出"大数据"时代已经到来。简单地说，"大数据"即海量数据 + 复杂类型的数据，大到什么程度呢？大到用传统的方法已经无法处理，原本水龙头般的数据量用一个水壶就能接住，但大数据的数量级如同瀑布，而且水质组成复杂，不再是一个壶就能接收的了的，更别说再同时分门别类地进行处理。

麦肯锡认为，大数据就是无法在一定时间内用传统数据库工具对其内容进行抓取、管理和处理的数据集合。大数据有 4 个方面的典型特征：数据体量巨大、数据类型繁多、价值密度低、处理速度快。大数据技术主要作用是对这些数据进行专业化处理，以提取其中隐含的关系与意义。

前文介绍的各种智能家居都有"学习用户习惯和喜好"的功能，这主要依靠"大数据分析"，只有通过各种智能设备接收用户使用、控制指令，并转化为数据，系统对这些海量数据进行分析发掘，才能"得出"用户的习惯，而且更加客观科学，甚至能发现一些连你自己都没注意到的习惯，可以说，这样的智能家居比你更懂你自己！

2.云计算

有了大数据，就要有承载处理它们的容器，即我们通常使用的服务器，但正如上文介绍的那样，每个家庭、每个角落都有大量的无形数据进行交互，不可能每个家庭、每个办公室都放一个巨大的服务器来保证各个智能设备的正常运行。这样就催生了云计算的概念。

为了便于大家理解，我们用水作比喻。为了喝上干净的自来水，我们家里有没有必要建一座自来水厂？显然不需要。只要把水龙头打开就可以获得要喝的水。云计算给大家提供的服务模式其实就类似自来水。未来你想获得什么东西，不需要有很大的硬盘，也不需要你的电脑有非常强的处理能力，只要你需要，随时随地可以获得。只不过是通过你家与外界连接的网线，从云端获取或传递信息，云端就像自来水厂，你想喝水时，网线就是你的水管，直接引水入户（图4-3）。

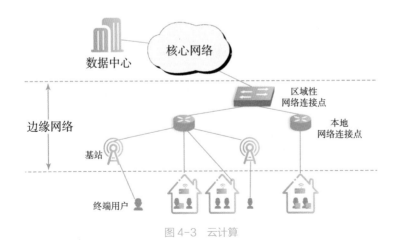

图 4-3 云计算

### 3. 边缘计算

我们了解了云计算，就知道其是在遥远的地方为我们存放数据、计算数据、传回结果的虚拟平台，那么问题接踵而至，那么大的数据量运算、那么远的距离，每家、每户、每个智能设备都在等着计算结果，"云端"能忙得过来么？即使能忙得过来，网络也是要有延迟的。因此，产生了边缘计算。

边缘计算是为应用开发者和服务提供商在网络的边缘侧提供云服务和IT环境服务，目标是在靠近数据输入或用户的地方提供计算、存储和网络带宽。通俗地说，边缘计算本质上是一种服务，类似云计算、大数据服务，但这种服务非常靠近用户。为什么要这么近？目的是让用户感觉不到延迟，看什么内容都特别快。

如果把云计算比喻成人类大脑，那边缘计算就是脊髓神经系统。脊髓取代大脑做出某些快速的决策，是为了适应身体的某些特定功能，且不可被替代。同理，边缘计算反应速度快，无须云计算支持，但智能程度较低，不能够适应复杂信息的处理。

智能家居设备之间联动可以通过局域网内的边缘计算实现。边缘计算内的逻辑在云计算上有备份；边缘计算的控制与云计算的控制需要同步；设备内的信息也需要定时更新。

### 4. 机器学习

在讨论机器如何学习之前，不妨先来了解人类是如何学习的。

人类的学习按逻辑顺序可分为3个阶段：输入、整合、输出。概括来说，都要经历从积累经验到总结规律，再到灵活运用。毫不夸张地说，人类的进步主要依靠的就是学习能力。但是由于人脑容量有限等，限制人类知识出现爆炸性增长，而计算机的长久存储功能、快速运算功能恰好弥补了人类这个短板，所以，聪明的人类想出来"手把手教机器学习"。

有了人类自己的学习方法，机器学习的思想也不复杂，它只是对人类学习过程的一种模拟。机器学习是用某些算法指导计算机利用已知数据建构适当的模型，并利用此模型对新的情境给出判断的过程。而在这个过程中，最关键的是数据，机器需要获得大量的数据来确定一件事的"规律"，可以说，数据就是机器学习的燃料，数据量越大，学习得出的结论越正确，后续再次遇到此类问题时，机器做出的判断越精准。这里的"数据""大数据"就来自上文"大数据"的概念，不难发现，人工智能技术环环相扣。

机器学习在智能家居领域逐渐发挥重要作用，如标准 T/CAS 306—2018《基于大数据平台的智能家电节能技术规范》中用户习惯学习——平台对用户设置、交互、使用时间及设备工作状态进行记忆、分析、计算、推理的功能。用户习惯学习功能应达到如下要求：①平台应能对用户设置（空调设备的温度、风速、风向设置）、交互（空调设备的开机、关机、调整设置）、使用时间（空调设备的运行曲线）、设备工作状态（例如空调设备的运行模式）等参数进行记忆存储。②平台应能基于①，通过一定的算法分析、计算、推理用户习惯，并自动为用户推荐合适的设备运行参数。

5. 深度学习

深度学习是机器学习的一种，其技术基础是机器学习中的人工神经网络。用一句话概括，人脑神经系统是目前最具智慧的，深度学习就是模仿它而产生的一种学习方式。

人的学习是由神经系统完成的，在这里借鉴人的学习，有了机器的深度学习。据脑科学专家介绍，人脑中约有 860 亿个神经元。可以想象，每个神经元会有很多神经纤维，神经纤维之间互相连接，形成了密集的神经网络。然而，大脑在工作的时候它们进行着分工合作，神经网络中的每个神经元及神经纤维不一定都能用得到。也就是说，我们在加工处理信息的时候，是有取舍、有选择地进行着。机器的深度学习也是这样的，但还需要提前明确，机器的学习过程并没有人脑那么智能。

深度学习和机器学习的区别是，深度学习是机器学习研究中的一个新领域，其目的在于建立、模拟人脑进行分析学习的神经网络，模仿人脑的机制来解释数据，如图像、声音和文本随着技术发展。

（1）图像识别

图像识别是深度学习中的一项典型技术。举个例子，在支付宝春节开展的"集五福"活动中，用手机扫"福"字照片识别福字，这就是用了图像识别技术。我们为计算机提供"福"字的照片数据，通过算法模型训练，系统不断更新学习，然后输入一张新的福字照片，机器自动识别这张照片上是否有"福"字。

图像识别技术是利用计算机系统对图像进行处理、分析和理解，以分辨各种不同形式的目标和对象的技术应用，是深度学习算法的一种实践应用。识别流程可分为4步：图像采集、图像预处理、特征提取、图像识别。如今，图像识别技术的应用有很多，如人脸识别主要应用在安全检查、身份核实与移动手机端支付中；产品辨别主要应用在商品流通过程中，尤其是无人超市、智能零售柜等无人零售领域；物体识别位置，如扫地机器人识别障碍物避免碰撞；动作识别信息用于手势控制；物体识别信息协助冰箱进行食材管理、洗衣机自动设定洗衣程序等（图4-4）。

图 4-4　图像识别技术

（2）语音交互

语音交互是深度学习领域另一项典型技术。语音交互出现的目的是还原人类沟通最熟悉、最便捷的语言交流模式。毕竟相比于文字、触控等方式，人们更习惯与机器进行无障碍的语言沟通。目前我们最熟悉的、应用技术较为成熟的当数手机语音助手，如苹果智能语音助手 siri。

通常来说，语音交互分为 3 个流程，即语音识别、自然语言处理与语音合成。语音识别可将语音信息转换为文字信息（通常为拼音信息），自然语言处理负责理解语音识别所转写的语音信息，并根据语音内容对家电设备进行控制，并生成对应的回答，语音合成可将生成的回答播报给用户。语音交互通常用于直接控制设备或询问天气等场景。此外，通过智能家居间的网络连接，可以实现全屋分布式语音交互，即与主控器具进行交互，并实现对被控器具的控制（图 4-5）。

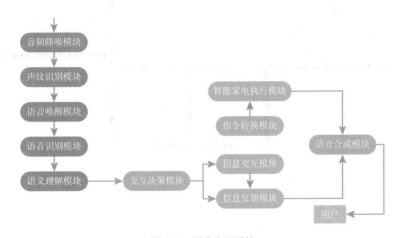

图 4-5　语音交互系统

标准 T/CAS 434—2020《智慧家庭全屋分布式语音交互规范》中给出分布式控制为建立在同一平台、同一局域网和同一家庭住宅基础上，分布式设置多个（2 个及以上）器具为被控器具，通过内置算法对被控器具进行唯一性筛选，实现节点器具与唯一被控器具进行交互的方式（图 4-6）。

图4-6　分布式语音交互场景

6. 知识图谱

通俗地说，知识图谱就是把不同类别的信息连接在一起而得到的一种关系网络。一般具备3个特点：由节点和边组成；每个节点表示现实世界存在的"实体"，每条边为实体与实体之间的"关系"。图4-7展示了各实体之间复杂的关系。

举一个好理解的应用知识图谱的例子。假设我们想知道"英国的首都是哪个城市"，网络搜索一下，搜索引擎会准确地返回伦敦的信息，说明搜索引擎理解了用户的意图，知道我们要找"伦敦"，而不是仅返回关键词为"英国的首都"的网页。用户的查询内容输入后，搜索引擎不仅去寻找了关键词，而且进行了语义的理解。查询分词之后，对查询的描述进行了归一化，进而与知识库进行匹配。查询的返回结果是搜索引擎在知识库中检索相应的实体

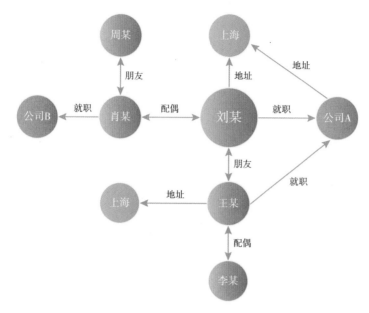

图 4-7 知识图谱示例

后给出的完整知识体系。

知识图谱提供了一种智能家居控制方法，当控制命令中包含多个智能家居设备间的关联协作时，用户只需下达一次控制命令，根据预设知识图谱提取具有共性功能的智能家居设备，并采集智能家居设备所处环境的信息。这种控制方法采用一种全新的识别机制，削减了用户需求中冗余控制环节，避免了用户对于控制命令中包括多个智能家居设备间的关联协作时需要反复逐一操作多个智能家居设备，提升了用户体验。知识图谱在智能家居行业的用途较多，包括数字化菜谱、适老化控制、糖尿病食谱、儿童模式、睡眠模式等。数字化菜谱是将做菜的流程、温度、时间等知识图谱化，烹饪机器人自动完成烹饪；将特殊病人对环境温度、湿度、洁净度等要求知识图谱化，空调、空气净化器、加湿器、除湿机等智能运行，满足用户要求。

## 三、虚拟现实

模拟一个三维空间的虚拟世界，提供用户关于视觉、听觉、触觉等感官的模拟，让用户如同身临其境。目前，虚拟现实已经应用在家装领域，试想一下，当消费者可以戴着 VR 设备，真切地感受智能家居的各种应用场景，基于自己的生活习惯，各种智能家居可以带来舒适与便利的生活，其可观赏性和体验感大大提高。

## 四、增强现实

AR 虚拟场景的三维交互可以分为 6 个部分：虚拟展示、场景漫游、节点控制、信息查询、虚拟监控和尺寸变换。谷歌眼镜（Google Project Glass）和微软混合现实头戴式显示器（Hololens）都在打造 AR 应用生态。与此同时，日本村田制作所在 2015 年日本高新电子展上演示了微型 PS（Micro Position Sensor）传感器的交互技术，提供了 AR 智能眼镜控制智能家居的解决方案，用户只需戴上 AR 眼镜，将视线瞄准想要控制的智能产品，待 AR 界面绿色光标定位成功，就可以控制产品的各项功能了。

## 五、传感器

前文提到的大量数据、信息、状态等都需要有"一双慧眼"去发现它，而传感器就是智能家居庞大系统中的这双"慧眼"。

传感器是一种检测装置，能感受到被测量的信息，并能将感受到的信息按一定规律变换成电信号或其他形式的信息输出，以满足信息的传输、处理、存储、显示、记录和控制等要求。装有传感器是智能家居与传统家居的主要区别之一，各式各样的传感器令智能家居不必等待用户的控制，可以自行与周围环境交互（图 4-8）。

家庭自动化 = 感知 + 控制，这一层面的信息交互与人机交互需要更多的数据来源作支撑，所以，位置传感器、接近传感器、液位传感器等被广泛应用于电器，通过运用大量的传感器，可实现"感知 + 控制"，以提高准确性、可靠性和效率。传感器就是智能家居的神经末梢，实时收集数据，然后反馈到人工智能控制系统，将人类的逻辑大脑赋予机器，实现"感知 + 思考 + 执行"。

常用人类 5 大感觉器官相比拟：
光敏传感器——视觉
声敏传感器——听觉
气敏传感器——嗅觉
化学传感器——味觉
流体传感器——触觉

典型传感器：
温度、湿度与空调联动；PM$_{2.5}$、PM$_{10}$、甲醛、TVOc、二氧化碳与新风机、空气净化器联动；燃气、水浸传感器与燃气阀、水阀联动；人体传感器与智能门锁、摄像头、照明、报警器联动；门磁传感器与摄像头、报警器联动

图 4-8　智能家居传感器

对于智能家居来说，与用户交互的首要条件是拥有对应的传感器收集所需要的信息。例如，想要与用户进行语音交互，就要有音频传感器，像人的耳朵。如果想要进行手势控制，通过用户位置自动开关灯，或提供异常行为报警等服务，就需要红外传感器与摄像头等设备查看用户位置与动作。

此外，智能家居除了要能与用户交互，自主与环境产生交互也是必要的，这也离不开各类传感器的应用。

从功能上看，通过温湿度传感器获取室内的温度与湿度信息就可以自动控制除湿机、加湿器与空调调节室内环境的温湿度，为用户提供舒适的居住环境。通过安装在门窗上的磁吸传感器与红外传感器，可以在屋内无人的情况下检测门窗是否开启，是否有可疑人员进入房屋。此外，安装在厨卫的可燃气体传感器、烟雾报警器与流体传感器等也可全天候监测是否有燃气泄漏、起火与漏水等情况，大大降低了居家生活中生命财产的风险。

从设备上看，随着技术的发展，有越来越丰富的传感器设备。例如，早期的扫地机器人往往只有一个碰撞传感器，不具备路径规划功能，其通过随机运动，碰撞墙壁后折返来尽量覆盖全屋地面，而如今的智能扫地机器人装有激光雷达或视觉传感器，可进行路径规划，红外断崖传感器与跌落传感器可避免其跌落，沿墙传感器、碰撞传感器与超声雷达传感器可避免其碰撞。除了以上

监测外部状态的传感器，还有一些传感器负责监测设备内部信息以保证设备正常运行，如风机转速传感器、尘盒传感器、里程计、陀螺仪、加速度计与电子罗盘等。通过以上传感器的系统配合，扫地机器人变得更加智能，大大降低了碰撞概率，不用设置虚拟墙便可避免跌落，且可以自行监控尘盒是否需要清理、各部件老化情况，提高了其日常使用体验。

## 六、情绪识别

情绪识别采集设备通过采集人脸图片进行表情识别，深度表情识别的分辨率可以达到 97%，远远超过人类的辨识率，而且还在朝着 99% 的目标努力。智能家居系统能够对人的情感进行监控与感知，并能够作出有针对性的反应。解决了智能家居中动态人脸表情持续性监测问题，使计算机可实时获取人的情绪和身体状况。

## 七、通信技术

如果传感器是智能家居的口眼鼻喉耳，可以使智能家居与周边环境产生交互，那么通信系统就是将各个设备连接起来的神经系统，是一切信息、数据传递的工具。通过不同的通信系统，可以将一个个单独的设备组成一个整体，使单独的智能家电组成一套完整的智能家居系统。

通常来说，通信系统根据其采用的技术可以分为蜂窝网络、Wi-Fi、蓝牙、RFID、近场通信、PLC、NB-IoT 等。其带宽、覆盖范围、功耗各有区别，在智能家居系统中根据各自特点分别应用于不同的设备。

### 1. 第五代移动通信技术（5G）

5G 拥有速度快、频段多、功耗低和低时延的特点，打破了之前的技术瓶颈，大大提升了智能化生活水平。目前，所有的智能家居设备都在低功率下运行，并且通过不同的方式交换信息，这样一来就增加了设备传输间的延时问题，直接影响了整个智能家居生活的体验。5G 超高速传输的出现将有助于信息的检测和管理，这样一来，智能设备之间的"感知"将更精确、更迅速，有利于提高整个智能家居控制系统的智慧化程度，使得整个系统更稳定，传输速度更快。目前，各智能家居平台都专注于连接自己的产品，还没有一个公共的行业标准，这种相对封闭的环境并不利于智能家居的发展，但 5G 网络或许有助于解决这一问题。

## 2. 无线通信技术（Wi-Fi）

Wi-Fi 是如今家庭中主要使用的无线连接方式，移动设备、个人电脑及大部分智能设备均采用这种方式进行连接。从理论上说，Wi-Fi 只是无线以太网兼容性联盟（Wireless Ethernet Compatibility Alliance，WECA）针对无线局域网（Wireless Local Area Networks，WLAN）采用的 IEEE 802.11 标准的一种认证商标，以便于 Wi-Fi 认证的设备可以相互连接。由于目前绝大部分 WLAN 设备均支持 Wi-Fi 协议，因此在日常使用时，Wi-Fi 这个名称已经成为无线局域网络的一个通用代称。

与 5G 相比，个人用户使用的 Wi-Fi 覆盖范围更窄，通常是个人用户私有的，仅覆盖该用户的居住场所，需要通过密码访问；实际带宽较 5G 网络更大，局域网带宽取决于具体设备所使用的频段与技术；Wi-Fi 与外网通常需要用户购买宽带进行有线连接。

在实际应用时，大部分智能家居设备不需要高带宽，并且分布范围较广，因此除了智能电视智能机顶盒与电视盒子等需要较大带宽以接受视频流，大部分智能设备仅支持 2.4 吉赫频段。

考虑到 Wi-Fi 功耗较大，所以通常只有直接连接电源的设备会采用这种连接方式，如电视、冰箱、智能音箱等，或者需要在全屋范围活动的设备会采用此连接方式，如扫地机器人、拖地机器人等。

## 3. 蓝牙（Bluetooth）

蓝牙采用的是一种低成本、低功耗、近距离的无线连接方案，典型的应用场景中，蓝牙设备的连接距离通常不超过 10 米。蓝牙协议遵从 IEEE 802.15 标准，其同样工作在 2.4 吉赫频段。蓝牙目前已经发展到蓝牙 5.0，其主要改进之一就是针对物联网的优化。理论上在低功耗模式下，支持蓝牙 5.0 的设备可以在 100 毫瓦的功耗下，实现最大 3 兆比特每秒的传输速度，最远

240 米的传输距离。

在智能家居环境中，蓝牙往往应用在体积小、功耗敏感且数据传输需求不大的设备上，将这些设备与智能家居中的其他设备连接起来，如温湿度计、电动牙刷、智能门锁与体重秤等。此外，由于蓝牙设备通信距离相比于Wi-Fi 设备短，为了将各处的蓝牙设备与智能家居的控制中心连接起来（目前阶段，智能家居的控制中心通常是智能音箱），还需要蓝牙网关作为中继设备。蓝牙网关通常是同时支持 Wi-Fi 与蓝牙两种连接方式的设备，其通过蓝牙连接低功耗设备，并利用 Wi-Fi 将数据回传到智能音箱等设备。除了专用的蓝牙网关，通常还会将蓝牙网关功能整合到其他设备上，如智能插座等。

### 4. 非接触式射频识别（RFID）

RFID 系统通过标签来识别物体。除了标签，RFID 系统还有一个双向无线收发机，被称为读写器，通过读写器发送信号，并读取标签的反馈。RFID 根据接收端的不同分为被动式 RFID 和主动式 RFID，其中被动式 RFID 指使用时不依赖电源的，仅依靠读写器电磁波驱动电路工作的无源标签的 RFID；主动式 RFID 的标签属于有源设备，需要单独供电。相对来说，无源 RFID 的通信距离比较短，且不需要额外供电，因此往往作为门禁卡或标签来使用，如某些智能电冰箱采用无源 RFID 标签识别食物并对冰箱进行分区温度控制；有源 RFID 虽然需要额外供电，但是其工作范围较大，其典型应用是停车场的 ETC 系统。

### 5. 近场通信技术（NFC）

NFC 的全称为近场通信，该技术由 RFID 演变而来，相对于原始的RFID，NFC 还支持双向通信数据交换。在非家居领域，NFC 的一个典型应用是在支付领域。在家居领域，NFC 可用于智能门锁的钥匙，部分设备可以通过与手机进行 NFC 通信以降低设备配对难度。

### 6. 电力线通信（PLC）

PLC 主要技术特点为将有线网络载有信息的高频信号信息调制至电力系统的交流电上并解调，以电力线路为媒介传输线路。在工业上，其典型应用之一是智能电网建设；在家居生活中，其主要用来解决部分家庭在装修时没有预埋网络线缆的情况下的有线网络连接问题。

7. 窄带物联网（NB-IoT）

NB-IoT 技术基于蜂窝网络，主要特点有低功耗、低速率、低成本，主要应用于智能电表、智能水表等设备的联网（图 4-9）。

图 4-9　短距离无线通信技术对比

# 第二节　强抓手

智能家居、家电产业发展迅猛，但什么是智能家电？产品质量依据什么把关？为解决这些问题，制定了"标准"，因为我们需要专业的标尺为我们丈量，保障质量。

## 一、体系架构

全国家用电器标准化技术委员会智能家电分技术委员会（SAC TC46/SC15）发布的智能家居 / 家电标准的体系架构如图 4-10 所示。我国智能家电标准主要分3类：基础标准，侧重于服务整个体系内标准，将体系内标准常用的、出现频次较多的短语、标识等进行定义解释，为读者更好地理解基于此的后续标准提供帮助；通用标准，侧重于对各类智能家居、家电产品通用的技术等进行明确规定和统一要求；专用标准，针对智慧生活中涉及的家电进行有针对性的、详细的规定。基于此标准架构，已发布和正在编制的标准群逐步覆盖越来越多的智能家电产品。

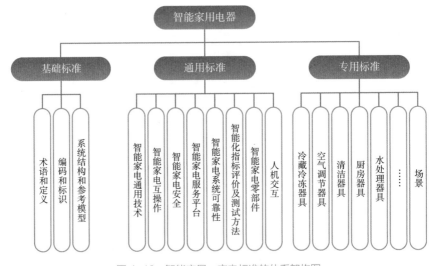

图 4-10　智能家居、家电标准的体系架构图

当然，国家标准的起草编制离不开采信大量且更新迭代迅速的各行业标准、团体标准的内容。而对于智能家电领域团体标准，国家智能家居质量监督检验中心、中家院（北京）检测认证有限公司、中国标准化协会有较大的话语权。经过多年的研究和实践，已经发布的相关团体标准已超50项，无论是从品类覆盖度，还是从考核维度，均在国内领先。此外，全国团体标准信息平台上的信息显示，中国家用电器协会、中国电器工业协会、中国通信标准化协会、北京市闪联信息产业协会、中国轻工业联合会等社会团体也发布了近50项相关团体标准。表4-1和表4-2进行了简要示例。

表 4-1 已经发布的产品类团体标准

| 适用产品 | 团体标准 |
|---|---|
| 冰箱 | T/CAS 287—2017 家用电冰箱智能水平评价技术规范 |
| 空调器 | T/CAS 289—2017 家用房间空气调节器智能水平评价技术规范 |
| 洗衣机 | T/CAS 288—2017 家用电动洗衣机智能水平评价技术规范 |
| 电热水器 | T/CAS 286—2017 家用储水式电热水器智能水平评价技术规范 |
| 吸油烟机 | T/CAS 376—2019 家用吸油烟机智能水平评价技术规范 |
| 微蒸烤一体机 | T/CAS 449—2020 家用微波炉、烤箱、蒸箱及组合型器具智能水平评价技术规范 |
| 智能云多联机 | T/CAS 433—2020 智能云多联式空调（热泵）机组智能水平评价技术规范 |
| 食材管理电冰箱 | T/CAS 432—2020 家用及类似用途食材管理电冰箱 |
| 电视机 | T/CAS 543—2021 智能电视机智能水平评价技术规范 |
| 智能锁 | T/CAS 352—2019 智能门锁智能水平评价技术规范 |
| 多联式空调（热泵）机组、冷水机组和水源热泵机组 | T/CAS 307—2018 多联式空调（热泵）机组、冷水机组和水源热泵机组智能水平评价技术规范 |
| 家用扫地机器人 | T/CAS 423—2020 智能家用扫地机器人智能水平评价技术规范 |
| 家用炒菜机 | T/CAS 332—2019 家用炒菜机智能水平评价技术规范 |
| 家用洗碗机 | T/CAS 486—2021 智能家用电器的智能化技术 洗碗机的特殊要求 |
| 智能插座 | T/CAS 384—2019 智能插座及类似功能产品智能水平评价技术规范 |
| 智能开关 | T/CAS 385—2019 智能开关及类似功能产品智能水平评价技术规范 |
| 电力载波空调 | T/CAS 450—2020 基于电力线载波通信技术的物联网空调微场景环境系统评价技术规范 |
| 饮水机 | T/CAS 484—2021 智能家用电器的智能化技术 饮水机的特殊要求 |
| 燃气快速热水器 | T/CAS 485—2021 智能家用电器的智能化技术 燃气快速热水器的特殊要求 |
| 集成灶 | T/CAS 505—2021 智能家用电器的智能化技术 集成灶的特殊要求 |
| 售货机 | T/CAS 393—2020 智能售货机智能水平评价技术规范 |
| 灯具 | T/CAS 523—2021 智能灯具智能化水平评价技术规范 |
| 烹饪机器人 | T/CAS 506—2021 烹饪机器人智能水平评价技术规范 |

表 4-2 已经发布的互联互通相关团体标准

| 发布单位 | 标准编号 | 标准名称 |
|---|---|---|
| 中国通信标准化协会 | T/CCSA 236—2018 | 移动互联网＋智能家居系统技术要求　组网终端与家庭用智能网关自动连接接口 |
| | T/CCSA 242—2019 | 移动互联网＋智能家居系统　基于蓝牙的 Wi-Fi 终端快速配网技术要求 |
| | T/CCSA 243—2019 | 移动互联网＋智能家居系统　利用 Soft-AP 技术的 Wi-Fi 终端快速配网技术要求 |
| | T/CCSA 261—2019 | 移动互联网＋智能家居系统　应用终端元数据技术要求 |
| | T/CCSA 295—2020 | 移动互联网＋智能家居系统　应用场景设计指南 |
| | T/CCSA 296—2020 | 移动互联网＋智能家居系统　无线局域网模块技术要求 |
| 中国标准化协会 | T/CAS 392—2020 | 智能家居设备无线连接水平评价技术规范 |
| 北京市闪联信息产业协会 | T/IGRS 0012—2021 | 智能家居设备联网联控通用技术要求 |
| 中国家用电器协会 | T/CHEAA 0001.1—2020 | 智能家电云云互联互通第 1 部分：基本模型和技术要求 |
| | T/CHEAA 0001.2—2020 | 智能家电云云互联互通第 2 部分：信息安全技术要求与评估方法 |
| | T/CHEAA 0001.3—2020 | 智能家电云云互联互通第 3 部分：用户界面设计指南 |

下面将从多个智能家电标准中挑选几项极具代表性的进行介绍。

## 二、典型产品标准——扫地机器人

随着懒人经济时代的来临，消费产品的升级，电商热潮迭起，技术飞速发展，催化了智能扫地机器人市场的蓬勃发展，据调研数据显示，近 5 年来，智能扫地机器人的销量和销售额双升，实现翻倍式增长。且 90 后、95 后在消费者群体中占比逐年提升，面对"年轻化"的消费主体对"新颖""便捷""个性化"的追求，扫地机器人产品不断升级，从随机碰撞到局部规划，再到全局规划，技术革新带来产品的智能特性日益明显。

虽然早有关于清洁机器人的安全、性能类标准发布实施，但其考核侧重点不能完全适用于市场产品。如国家标准 GB 4706.7—2014《家用和类似用途电器的安全　真空吸尘器和吸水式清洁器具的特殊要求》，是侧重于对吸尘器本身的结构、电气安全方面进行规定和提出考核要求；行业标准 QB/T 4833—2015《家用和类似用途清洁机器人》，主要通过对除尘率提出要求，从而考核清洁机器人性能，且试验场地仅为单房间。此类标准未涉及产品的智能功能及水平高低的检测评价，且传统的单房间试验环境也不符合国内居家实际的产品使用环境，依据此类标准得到的检测结果难以满足主流消费人群对产品"智"的需求。

为及时解决消费者的困惑，通过大量市场调研与试验，于 2020 年 6 月 18 日，中国标准化协会发布了 T/CAS 423—2020《智能家用扫地机器人智能水平评价技术规范》。该标准从用户的角度出发，对智能家用扫地机器人的智能水平进行判定及评价，贴合消费者需求，以明确的评价结果为消费者选购产品提供支撑及参考。下面将从标准的整体架构及核心创新点进行介绍。

（1）标准创新性

T/CAS 423—2020 是行业内针对家用清洁机器人的智能水平首次提出的标准化要求，无论是从整体评价体系，还是从具体功能考核出发点的设置，均体现明了显的创新性，下面将通过列举几点核心方面对此进行说明。

（2）评价体系

纵观已发布实施的清洁机器人标准，无论是性能标准还是安全类标准，均采用符合性判定方式，即针对每项试验要求的测试结果仅有"通过"和"不通过"两种，但这种方式不适用于智能水平的评价。由于产品的智能特性体现在具体的多角度、多方面的功能，是多种技术的融合与平衡，不能因某一方面表现差强人意就否定产品的整体智能水平。故本标准创新性地提出多维度的考核评价体系。

从感知、决策、执行和学习 4 个方面的顶层设计出发评价智能家电的智能化水平，智能化应用于具体产品，则体现为该产品的智能化功能，具象到智能家用扫地机器人则为本标准列出的 14 项智能功能；从实用性、便捷性、舒适性和实在性这 4 维度评价智能家电的智能化功能，具体到智能家用扫地机器人则体现了本标准列出的"安全、可靠、清洁、易用、节能"5 个智能效用。

此标准将智能功能与智能效用相互关联，通过对每项智能功能的评价计分确定智能效用的等级，每个智能效用均分为 A 级和 B 级，等级划分详见表 4-3，最终可得到量化的智能指数。

智能指数可表示为"$mAnB$"的形式（$m=0$，1，2，3，4，5，$n \leq 5-m$），如 5A0B 表示 5 个智能效用均达到了 A 级水平，A 级优于 B 级，A 越多证明产品智能指数越高，通常智能指数达到 3B 以上才能称之为智能产品。

表4-3　智能水平等级判定

| 智能效用 | 智能等级 | |
| --- | --- | --- |
| | A 级 | B 级 |
| 安全 | >70 | 50 ~ 70 |
| 可靠 | >110 | 80 ~ 110 |
| 清洁 | >60 | 40 ~ 60 |
| 易用 | >230 | 170 ~ 230 |
| 节能 | >100 | 70 ~ 100 |

（3）路径规划功能

当前市场上存在的扫地机器人产品按清扫类型可分为随机碰撞式和自主导航式两种。随机碰撞式扫地机器人沿随机路线进行清扫，清扫的同时会主动监测或被动感知障碍物进行避让；自主导航式智能扫地机器人在作业时实时自主导航，即自主定位、地图构建、路径规划，其中路径规划是导航的核心技术。

通过对比两种智能扫地机器人，清扫同面积区域的"覆盖率"和"耗时"对比，如图 4-11 和图 4-12 所示。

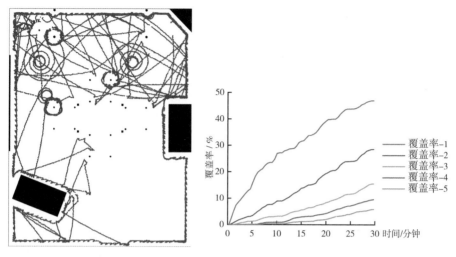

图 4-11　随机碰撞式路径及覆盖率

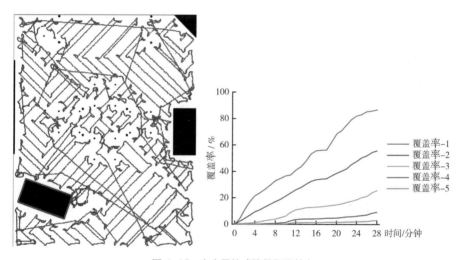

图 4-12　自主导航式路径及覆盖率

通过以上两图对比可以明显看出，随机碰撞式耗时 30 分钟覆盖率约 40%，自主导航式式耗时 28 分钟覆盖率约 85%。由此可见，是否具有路径规划功能对清扫效率、耗时和清扫效果、覆盖率的作用都是很重要的，故该项分配的分值最高，50 分满分，占比整体标准总分的约 14%，且标准提出不具有路径规划功能时，该项为 0 分。

此外，在具有路径规划功能的产品中进行细分，区分出智能水平的高低，需从技术原理的角度出发设置合理的考核维度。该过程的正确性和准确性离不开产品的硬件及软件的相互配合。

从自主导航实现的技术原理上分析，室内光线、障碍物反光率等对其整体作业的完整度会造成不可忽视的影响。

从用户体验直观性上考虑，每次作业完成的耗时也是其"智能"水平的重要参数，毕竟谁都不想出门前启动扫地机器人自动清洁，回家后看到它还没打扫完一间屋子。根据试验得出结论，在保证覆盖率的前提下，产品节省时间的最优处理方式是对已有地图模型的记忆及调用。

图 4-13 为单房间第一次作业，彻底完成清扫需 21 分钟。图 4-14 为同一房间相同障碍物及参数，产品运行 3 次后，耗时 19 分钟就能完成整体作业。

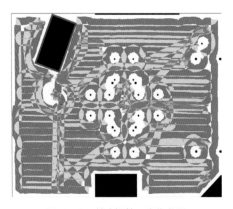 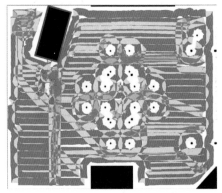

图 4-13　单房间第一次作业图　　　　图 4-14　单房间第三次作业图

因此，此标准分两个角度对该智能功能提出要求：

a）光照条件、障碍物的反光率（落地镜等）等对扫地机器人定位、构图和规划的准确度的影响。

b）家用扫地机器人对构图建模及路径规划是否有记忆功能，以使在作业过的环境下作业耗时更短。

（4）断点续扫功能

传统的扫地机器人标准对性能的要求是试验环境通常为面积约 20 平方米的单房间，但是这对于目前国内大多数家庭居住面积 80~90 平方米的环境，这一考核标准已不适用。

据官方介绍的产品电池续航参考值举例如表 4-4 所示，而试验多房间（80 平方米）作业覆盖率与耗时情况如表 4-5 所示。

表 4-4　电池续航参考值

| 型号 | A | B | C | D | E |
|---|---|---|---|---|---|
| 电池续航 | 40~60 分钟 | 40~60 分钟 | 80 分钟以上 | 40 分钟以上 | 80 分钟以上 |

表 4-5　多房间作业覆盖率与耗时

| 型号 | 型号 1 | 型号 2 | 型号 3 | 型号 4 | 型号 5 | 型号 6 | 型号 7 | 型号 8 | 型号 9 | 型号 10 |
|---|---|---|---|---|---|---|---|---|---|---|
| 耗时 | 50 分钟 | 102 分钟 | 39 分钟 | 51 分钟 | 52 分钟 | 66 分钟 | 48 分钟 | 42 分钟 | 96 分钟 | 120 分钟 |
| 覆盖率 | 81.3% | 70.2% | 65.1% | 77.5% | 93.8% | 87.7% | 81.7% | 75% | 73.3% | 62% |

由表 4-4 和表 4-5 对比可知，常规扫地机器人的电池续航平均 60 分钟，而实测多房间在扫地机器人 60 分钟左右耗时情况下所达到的覆盖率约 80%。由此可见，电池一次性很难满足全覆盖的需求，必然会有回充和续扫，也就是不仅需要智能扫地机器人能够在电量不足时及时找到充电桩充电，而且需要充完电后再次准确地找到未扫完的地方继续清扫，而不是充完电后又从起点开始清洁。若不能"断点续扫"，可以想象，其总是扫一部分就没电，然后陷入回充再扫的死循环，所以不可能实现自动完整覆盖多房间的清扫任务。

该标准的制定为标准检测行业填补了空白的同时，也为消费者选购智能家用扫地机器人产品提供了可靠直观的参考，让关注点不同的人群准确挑选出符合心意的产品，并为行业发展导航，助力新兴行业发展。

### 三、典型技术标准——智慧家庭全屋分布式语音交互

智慧家庭是智慧城市的最小单元，是智慧理念和技术在家庭层面的应用和体现，是结合物联网、云计算、移动互联网和大数据等新一代信息技术，实现低碳、健康、智能、舒心和充满关爱的家庭生活方式。目前，智慧家庭发展仍然受到行业、企业、用户、产品等的制约，如何促进物联网、云计算、移动互联网和大数据技术与家居生活的高效联合，实现多设备、跨空间的交互，以用户为中心，让家庭更智慧成为行业内重点关注的挑战。

随着语音交互技术的飞速发展，如分布式语音交互技术的出现与成熟，家庭场景内多设备、跨空间的语义交互逐渐成熟，用户对智慧家庭场景下智能语音设备交互便捷性的要求不断增加。由中国标准化协会于 2020 年 9 月 7 日发布实施的 T/CAS 434-2020《智慧家庭全屋分布式语音交互规范》首次提出全屋跨空间、跨设备交互的要求及试验方法，其不仅为用户选择智慧家庭产品提供了参考，而且为企业设计相关产品提供了技术指导。

#### 1. 原理剖析

目前，家庭使用的带有语音控制功能的智能设备越来越多，而唤醒词却趋于同音、近音，这导致用户在实际生活中难以准确快速地唤醒和控制目标设备，应对"一呼百应"的困扰；另一种囧态则是全屋语音控制智能设备仅一个固定主控器具，可控制其他智能设备，若屋里距离较远或语音音量较低，则会造成"百呼无应"的现象。分布式语音交互则是从根本上解决该难题的方法。

（1）关键定义

T/CAS 434-2020《智慧家庭全屋分布式语音交互规范》利用第三章"术语和定义"言简意赅地对该技术的核心术语进行了定义。

首先定义了"分布式语音唤醒"和"分布式控制"，两者需要相同的前提和条件，即建立在同一平台、同一局域网和同一家庭住宅基础上，分

布式设置多个（2个及以上）语音交互器具为交互节点器具，通过内置算法对节点器具进行唯一性筛选。两者的区别在于从指令内容上来说，前者为唤醒词，后者为控制指令；从语音交互双方的角度出发，前者的交互方为"用户"和"节点器具"，后者的交互方为"节点器具"和"唯一被控器具"。

继而引出3个名词"节点器具""主控器具"和"被控器具"。"节点器具"的主要识别点在于"既可作为主控器具又可作为被控器具"，"主控器具"的区分点在于它是"与用户直接交互并做出响应的器具"，而"被控器具"则是受主控器具"控制并做出响应的器具"。

（2）分布式原理

T/CAS 434-2020《智慧家庭全屋分布式语音交互规范》以资料性附录形式对分布式交互场景、交互原理和控制原理进行介绍，以为行业提供设计技术参考。

➤ 分布式语音交互场景：

在客厅，用户面对相同唤醒词不同距离的智能语音交互设备：音箱、电视和空调发出唤醒指令，三种设备接收到唤醒词后通过算法计算各种竞争分数并传入局域网进行比较，得出音箱竞争分数最高的结论后，分布式决策控制音箱响应并继续与用户交互对话，而竞争分数较低的空调和电视则不响应。此刻的节点器具——音箱即主控器具，其他智能语音设备均自动成为被控器具。

➤ 分布式语音交互原理：

分布式语音交互原理如图4-15所示，节点器具（分布式语音交互场景示例中的"音箱""电视"和"空调"）的麦克风接收到唤醒词后经过前端语音增强后送给唤醒模块，唤醒结果控制分布式决策开启，分布式竞争决策对语音能量特征信息进行计算得到决策分数，决策结果送入响应控制模块，控制器具响应。若器具响应，则对接收到的语音进行降噪后送入端点检测模块提取有效音频，之后送入云端进行识别和语义解析。

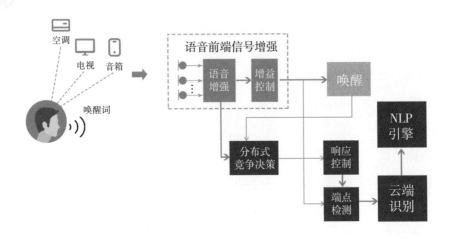

图 4-15　分布式语音交互原理

> 分布式控制原理：

如图 4-15 所示，若用户于卧室 2 进行语音唤醒，根据竞争分数决策卧室 2 中的音箱响应，此时若用户发出控制指令"我想看电视剧"，则该音箱回复"卧室没有找到有屏设备，请移步客厅看电视"的反馈，并作为主控器具控制客厅电视（此时电视自动成为被控器具）开机且电视回复"资源已备好，即将播放"。由此完成"去中心化"的语音交互和全屋场景控制。

2. 测试指标及方法

（1）技术指标

针对语音交互功能的唤醒正确率、控制正确率及响应时间提出明确的指标要求。如表 4-6 所示。

表 4-6　指标要求

| 指标要求 | 低噪家居环境<br>（声音强度在 50 分贝以下） | 高噪家居环境<br>（声音强度在 60 ~ 65 分贝） |
| --- | --- | --- |
| 唤醒正确率 | 大于或等于 90% | 大于或等于 80% |
| 控制正确率 | 大于或等于 90% | 大于或等于 80% |
| 平均响应时间：小于或等于 3 秒 | | |

（2）核心测试方法

T/CAS 434-2020《智慧家庭全屋分布式语音交互规范》的第六章是对测试方法的详细规定。

在测试前，标准先对测试环境，即噪声强度、被测试器具处信噪比、网络质量及测试场景进行统一要求；对测试语料集的种类、构成等进行规范和设计参考；最后是分布式语音交互测试前的组网确认，即通过调取节点器具的日志，检查节点器具的联网状态、器具列表和网络波动后的器具列表。

通过竞争分数对比结果实现分布式语音交互的策略有3种：就近唤醒策略、朝向唤醒策略和自定义唤醒策略。对此该团体标准进行了明确：①就近唤醒策略：选择距离用户最近的节点器具作为唯一主控器具，并做出唯一响应。②朝向唤醒策略：选择正对用户的节点器具作为唯一主控器具，并做出唯一响应。③自定义唤醒策略：根据制造商自定义策略选择节点器具作为唯一主控器具，并做出唯一响应。

针对以上3种策略，该标准依次对应提出了具体的测试方法。

针对就近唤醒策略的测试布局如图4-16。

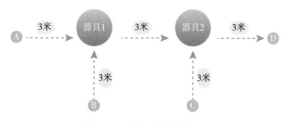

图 4-16　就近唤醒策略布局

将具有分布式唤醒功能的器具1和器具2相距3米摆放，回放设备则分别位于A、B两点播放唤醒音频（至少）100次／点，记录器具1被正确唤醒的次数；回放设备则分别位于C、D两点播放唤醒音频（至少)100次／点，记录器具2被正确唤醒的次数，计算唤醒正确率。

对于朝向唤醒策略的测试布局如图4-17所示。

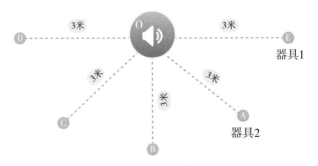

图 4-17　朝向唤醒策略布局

　　将回放设备置于 O 点位，具有分布式语音交互功能的器具 1 和器具 2 分别放在 E 点和 A 点。回放设备先朝 E 点播放唤醒词（至少）100 次，再朝 A 点播放唤醒词（至少）100 次；保持器具 1 位置不动，将器具 2 移到位置 B，回放设备每个朝向重复播放唤醒词（至少）100 次；以此类推，将器具 2 依次放于位置 C 和位置 D，计算唤醒正确率。

　　自定义唤醒策略的测试参考图 4-16 和图 4-17，根据制造商支持的用户自定义方式进行布局并测试、计算唤醒正确率。

　　分布式控制的正确率确定要将唤醒指令集换为控制指令集进行测试。

　　（3）试验测试

　　试验选取使用就近唤醒策略实现分布式语音交互功能的音箱和电视为节点器具，智能电热水器、空调、空气净化器和智能洗衣机作为被控器具。测试布局如图 4-18 所示。

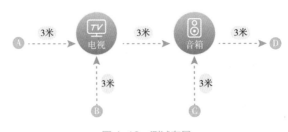

图 4-18　测试布局

通过全指向性音箱和功率放大器控制播放背景噪声，B&K 传声单元、数据采集模块和配套软件 B&K Connect 监测环境背景噪音满足低噪环境（50分贝以下）和高噪环境（60~65分贝），将回放设备依次放于 A、B、C 和 D点重复播放 100 次唤醒指令集和控制指令集，记录成功率及响应时间，结果如表 4-7 和表 4-8 所示。

表 4-7　唤醒正确率及响应时间

| 位置 | 低噪环境 | | 高噪环境 | |
|---|---|---|---|---|
| | 唤醒正确率 /% | 响应时间 / 秒 | 唤醒正确率 /% | 响应时间 / 秒 |
| A 点 | 96 | 0.553 | 93 | 0.651 |
| B 点 | 94 | 0.500 | 90 | 0.557 |
| C 点 | 97 | 1.042 | 95 | 1.124 |
| D 点 | 99 | 1.066 | 97 | 1.133 |

表 4-8　控制正确率及响应时间

| 位置 | 低噪环境 | | 高噪环境 | |
|---|---|---|---|---|
| | 控制正确率 /% | 响应时间 / 秒 | 控制正确率 /% | 响应时间 / 秒 |
| A 点 | 95 | 2.229 | 89 | 2.346 |
| B 点 | 92 | 2.319 | 85 | 2.423 |
| C 点 | 94 | 2.273 | 87 | 2.094 |
| D 点 | 96 | 2.199 | 89 | 2.199 |

通过计算得出低噪家居环境下的唤醒正确率为 96.5%，高噪家居环境下的唤醒正确率为 93.75%；低噪家居环境下的控制正确率为 94.25%，高噪家居环境下的控制正确率为 87.5%；平均响应时间为 1.544 秒，满足表 4-7 中的各项指标。

## 四、典型场景标准——智慧家庭空间分类及设计导则

近年来，随着 5G 商业化落地加速、人工智能 + 物联网时代全面开启，

以及新基建带来的广受益效应，智能家居进入新的发展阶段，踏上技术重塑、产品重塑、场景重塑、入口重塑、渠道重塑与体验重塑的新征程，赋予了家居新生态、新特征、新常态和新生命。

家电、互联网、地产、装修、家居等阵营全线参与，平台与设备赛道逐步丰满，商家 / 消费者端功能应用、渠道开拓、项目落地与场景应用逐步成熟，智能家居步入上升快车道。但目前人们对智能家居的关注度，无论从使用方还是提供方，主要还是在设备的联网、互联互通、数据收集、提供及应用上。实际上，真正的智慧生活不只是电子电器设备的智能化和智能家电产品各自为营的简单物理叠加，而是房屋居住的空间合理、基础设施完善，以人为本，从人的角度去评价。

建筑行业、装修行业、智能家居行业、家电行业都有对智能的定义，但这些标准都是割裂的，不能满足和适应目前技术发展的需求，缺少一个从盖房子到入住的全产业链的标准。

基于时代与产业背景，为了能在空间布局、智能化、智慧场景等方面对智慧家庭的设计给出原则和指导，推动智慧家庭的真正落地，中国标准化协会于 2020 年 12 月 15 日批准发布团体标准 T/CAS 453—2020《智慧家庭空间分类及设计导则》。

### 1. 打通行业边界

智慧家庭的落地渠道目前主要有两种：地产精装交付及入住后的二次装修或局改。90 后、00 后用户的需求变化，尤其是对智能家居和智能社区的需求不断提升，迫使房地产企业转型升级。但是由于基础标准不完善，从行业侧难以形成统一的落地建设交付标准，从消费者侧没有对智慧空间形成明确的认识，这为智慧家庭的落地造成障碍。目前，精装房的比例越来越高，约占 40%，水电施工后交付的比例更高，交房后，用户想实现家居智慧化，发现智能开关没有零线无法使用；窗口没有电源，电动窗帘无法安装；马桶位置没有电位，不能装智能马桶；洗手盆下面没有净水器电位和水路，要改造。建筑类标准没有考虑智慧家庭的需求，如 GB 50242—2002《建筑给水排水及采暖工程施工质量验收规范》详细规定了建筑施工时给水排水及采暖工程的管路尺寸、位置、插接件壁厚、管径、材质等，GB 50327—2001《住宅装饰装修工程施工规范》规定了装修施工现场必须注意并满足的防火防水要求、施工材料的质量要求等。而 GB 18580—2017《室内装饰装修材料人造板及其制品中甲醛释放限量》至 GB 18589—2001《建筑材料放射性核素限量》这 10 个国标是针对室内装饰装修的，从甲醛释放量到所用涂料，再到材料放射性核素限量的规定，是从用户健康的角度设定的最低限制性标准，而非为用户实现更智能便捷生活的装修装饰提供设计原则。近年来，智能家电行业迅猛发展，相关的智能家电标准也层出不穷，从各角度和各层面的剖析、规定智能家电产品的功能、性能、安全等，如 GB/T 37877—2019《智能家用电器的智能化技术 电冰箱的特殊要求》等，但这些标准是针对某一类家电产品标准化的，只要涉及全屋家电家居的放置合理性、互联效果，这些标准就无意义了。

智慧家庭的标准没有约束建筑类的标准，而建筑装修类标准又没有关于智能方面的考量，这导致各行业对智慧家庭的定义各自为营，真正的智慧生活很难落地。T/CAS 453—2020《智慧家庭空间分类及设计导则》标准具有打通行业壁垒的实际意义：电器产品嵌入化／艺术化外观与空间无缝融入。涵盖智慧场景体验、家电家居融合、基础设施建设 3 个方面的行业指导规范，为行业明确定义了什么是智慧家庭；为企业开发、装修从业者等提供了支撑；为用户设计一个家、建设一个家、服务一个家的全流程提供了保障。智慧家庭是软件和硬件的结合，是数字世界和物理世界的结合体，该标准是行业内第一个横跨地产、装修、家居等行业的智慧家庭落地类标准。

2. 高屋建瓴

不再局限于某个产品分级，该标准从人对家庭智能设施的感受上，根据人对智能设施的主动控制参与度，将智慧家庭的空间划分为四个等级：基础智能、中级智能、高级智能、AI 智能。如表 4-9 所示。这让用户有了不同的选择，当需求仅为便捷控制时，基础智能的单品联网便可满足；当需求为主动服务的全场景智慧生活时，可以选择 AI 智能。

表 4-9　智能等级表

| 等级 | 基础智能 | 中级智能 | 高级智能 | AI 智能 |
|---|---|---|---|---|
| | 单品联网便捷操作 | 互联互通空间联动 | 智能协作空间感知 | 自主决策主动服务 |
| 分类原则 | ①家电家居割裂，不融合<br>②单产品联网+App，实现单一功能。通过用户与单品/App点击，完成某一特定功能 | ①家电家居割裂，不融合<br>②产品组合实现，由用户进行预先场景设定，并由2个及以上网器联动或小循环直接触发，完成某一特定功能 | ①成套化设计，家电家居融合<br>②由各类家庭智能终端组成系统化方案，通过主动对周围环境感知，人的各类特征感知，机器自身耗材，故障感知，自触发自协作 | ①家电家居与空间融合<br>②跨品牌、多品类、多系统融合形成有机整体，通过主动对周围环境感知，人的各类特征感知，机器自身状态的感知，形成标准化服务需求，进而触发生态方结合形成服务闭环 |
| 发起主体 | 用户决策 | | | 系统决策 |
| 体验需求 | 便捷控制，省心省力 | 联动场景，提升舒适性 | 辅助决策，提供定制服务 | 全场景生活智慧，服务闭环，提供个性化体验 |

### 3. 以人为本

市场上现有的智能家居各种各样，但是到底什么是智慧家庭，消费者没有清晰的概念。人们对智慧家庭的追求，不只是智能硬件，更是一个舒适的家，一个健康的、安全的家。对于智慧场景，设备的智能联动是最基本的，但这不是我们追求的智慧生活，建设智慧家庭必须从建筑开始，从水电气暖的布设开始，是一个系统工程。该标准以人为本的原则为建设智慧家庭提供了一个标准化导则，避免重复劳动和资源浪费，使整个产业链形成一个整体，促进整个行业的健康发展。

智慧家庭是满足人们衣食住娱学的智能空间，并不是智能电器的罗列。人们希望家中有宽阔舒适的空间、有私密的空间、有安全的保障、有温馨舒适的光线、有健康的空气和水、有舒适的温度等。人们希望家电能像一个统一的整体，而不是一个一个单独的智能硬件，它们能互相搭配，共同为人们的智慧生活服务。人们想要的是个"懂你"的房子，验收新房时，全屋的水、电、线都被充分预留；在装修时，根据自己的需求进行家电家居融合设计，保证美观且动线合理；人们入住后，在智慧阳台健身后，衣服放进洗衣机就能自动洗护、晾晒。洗完澡走出智慧浴室，排气扇会自动开启，空调也会随之调高温度。

T/CAS 453—2020《智慧家庭空间分类及设计导则》从用户对智慧生活的需求到全屋的智慧场景，拆解为空间布局、动线规划、智能硬件配置等的制定规范，提出对智慧空间的设计导则，为智慧家庭规模化落地提供标准指导。

### 4. 分割与贯穿

首先 T/CAS 453—2020《智慧家庭空间分类及设计导则》从以下 7 个方面对智慧家庭提出总的设计原则：

a）以人为中心：智慧家庭以房屋为载体，以家庭成员的活动为线索，结合物联网、云计算、移动互联网和大数据等新一代信息技术，满足用户当下及未来的需求。

b）产品场景化：基于不同的人群、不同的需求、不同的场景提供不同的方案。

c）场景定制化：针对不同家庭成员可以提供不同场景模式。

d）体验一体化：所有产品 CMF 统一、UI 统一、交互逻辑统一。

e）决策智慧化：平台可以根据器具数据、环境数据、外部资源数据、平台大数据共同决策。

f）交互分布化：交互入口多样化、去中心化，可以从冰箱、空调、热水器、电视、洗衣机、智能音箱、手机 App 等入口进行交互。

g）服务生态化：提供多媒体内容、食材配送、衣物护理、远程医疗、居家养老、耗材更换、设备维修、家庭清洁、社区综合服务等。

明确了总体原则后，整个标准从两个方面进行设计指导：一是将智慧家庭按照物理空间进行划分，提出分空间的设计导则。二是针对贯穿全屋的用电、用水和网络的智慧家庭基础设施提出智能化设计导则。

对智慧家庭分空间设计，将家庭空间划分为玄关空间、厨房空间、卫浴空间、客厅空间、卧室空间和阳台空间。通过深入考虑每个空间的实际用途，对各个空间的布局、尺寸比例、预留电源接口、网口等进行具体设定。如针对卧室空间，除了常规的布置要求，明确床头区域设置充足的插座，为扩展智能产品、提升智能体验带来便利；针对儿童卧室，家居摆放和设计要消除尖角，消除磕碰等安全隐患；针对老年人卧室，要加入紧急呼叫智能设备，保障老年人的生命安全。

对于贯穿全屋的智能用电、用水和网络，则从整体智能特性进行规定：功能及设计、易用性、可靠性、安全性、开放性、兼容性、可升级性、先进性。每项智能特性都从设计风格、用户习惯、功能实现、安全保障等方面提出明确的设计要求。

通过该标准，可以让地产商知道如何为客户预留智能升级的条件，可以为装修公司提供设计指引，也可以为消费者提供参考标准。创新提出初级智能、中级智能、高级智能、AI智能的分类原则，提出智慧家庭装修的标准分级，对应水电气基础设施的设计、建筑美学的设计融入等内容，使房地产设计师、装修设计师、家电行业设计人员、用户有了交流的统一标准，推动智慧家庭的落地。

# 第三节 ｜ 靓标志

说了这么多，对于广大读者来说可能并不能完全体会：不可能让我买个电冰箱还要对着标准检查一遍。作为消费者，并不在乎标准内容，只看重购买时产品有哪些证书、标识和授权。

为了解决公众的实际困扰，接下来介绍一下认证与标识。目前，市场上有能力开展智能认证的机构较少，认证主要分为两类，一类是基于国家标准

GB/T 28219—2018《智能家用电器通用技术要求》制定认证规范，依据认证规范进行认证；另一类是基于发布的团体标准进行认证。常见的智能家居认证标识如图 4-19 所示。

图 4-19　常见的智能家居认证标识

### 1. 智能认证

此项认证是经过国家认证认可监督管理委员会许可的最早一批智能家电相关认证中的一项（图 4-20）。经过多年的完善和修订增补，至今已涵盖 30 多个品类的智能家电产品，如常见的智能电冰箱、智能空调、智能洗衣机等，几乎囊括了我们日常生活中接触的家用电器的方方面面。专业的检测工程师依据对应的智能标准进行检测，专业的认证工程师依据对应的法规进行审核，如果产品智能水平达标、组织机构合规，符合认证规范，就可以获得有认证资质的认证机构颁发的智能认证

图 4-20　智能认证标识

证书。

　　证书主要有两页，首页是厂家、产品信息，尾页是产品检测结果、智能水平。在尾页附件，消费者可以看到这个智能产品安全、可靠、洁净、易用这 4 个方面做得非常优秀，但是节能 / 节水方面可能不够。如果消费者更看重产品智能便捷的使用效果，那么可以安心购买这款产品。如果购买者不希望使用过程中用水用电量过多，则可选购其他在相应标准上更优质的产品。由此，消费者可以按需选购，这样不会造成实际买到家的智能产品不符合预期，认为厂家虚假宣传从而丧失对市场的信任。

### 2. 智能语音认证

　　相比于走到智能家电旁，通过按键等方式控制设备，我们更想要无须走动就能让智能设备听从指令工作，语音交互技术的应用解决了这一困扰。语言作为人们日常最常用的沟通交流方式，是我们每天接收和输出信息的主要途径，有语音交互功能的智能家居、智能家电设备究竟好不好、顺畅不顺畅，同样需要国家、市场为我们把关。

　　但是消费者选购一款智能音箱，无外乎两种方式：要么网购，要么在商场挑选。任何一种方式都不可能站在音箱面前，对照标准，各个角度呼喊1000 遍指令，计算它的识别率，如果发现识别效果不满意，再重复对其他音箱进行测试，横向对比等。同样，本着专业人做专业事的原则，通过专业工程师的考核调研发现，影响用户交互体验感的参数有识别正确率、控制成功率、响应时间等。通过检测认证给用户最大的安全感。通过标准的检测，符合《智能语音认证实施规则》的为企业产品颁发证书。首页同样是体现厂家和产品的信息，尾页体现语音交互效果的核心参数数据性结论，让消费者对产品在语音交互方面的性能一目了然。

　　通过证书首页的认证标识图标，在"智能认证"标识基础上增加"语音"二字，既表征其基于智能认证，又表征其为语音专项性认证标志（图 4-21）。

### 3. 互联互操作认证

　　一个智能设备无法实现我们的智慧生活，无论是厂商还是用户，都把目光放在一整套智能家居互联系统上。两种场景：
一种情况，回家进门，我们喊"开灯""开空
调""把空调设置为 26℃""打开窗户"等，一
系列命令下来，可能使原本疲惫的身体更加疲
劳。另一种情况，通过智能门锁进门后，灯自动
打开，空调在打开的同时自动设置为我们习惯的
温度，窗户、窗帘等智能设备自动执行我们设定
的模式，像多个家庭管家各司其职地为我们服

图 4-21　智能语音认证标识

务，这才是我们梦想中的智慧生活。这种景象已经不再是梦想，完全可以通
过智能家电间的互联互操作实现。

　　整体智能家居系统间互联互通的完备性、易用性、可定制性等是体现设
备间协作配合的核心。所以，通过标准检测且符合《智能家电系统互联互操
作认证规则》相关认证规范的，认证机构就会为这套系统颁发证书。通过尾
页对六大特性的等级进行表征，用最简明的方式为消费者提供一个对获证系
统全方位的评价，让我们对产品有详细的了解。

　　此认证的标识分为 A 级和 B 级两种（图 4-22），由于认证对象是系
统，所以不沿用智能认证的基础标志 AI，而是通过核心词汇"智"来表示，
巧妙地进行拆解，以"口"为"connection"的首字母"C"，以"日"为
"smart"的首字母"S"，"智"字周围用简单的几笔波浪线灵动地展现"互联

图 4-22　智能家居系统互联互通认证标识

互通"的特点。

4. 智能适老认证

智能产品不仅可以提高年轻人的生活品质，而且能为老年人提供生活便利。

近年来，我国老龄化日趋严重，据国家统计局统计，我国老年人人口数量和所占比例呈快速上升的趋势。预计"十四五"末期，我国 60 岁及以上人口将接近 3 亿人，到 2050 年，老年人数量可达 4 亿人，占总人口的 30%。目前，市场上的智能家电功能繁多、操作复杂，对于老年人来说学习成本高、功能利用率低、体验感差。如鉴于老年人的视力不佳，在 App 界面增加老年模式，将字体增大、使用对比鲜明的颜色、图标设置显眼、增加语音模式等；鉴于老年人的接受能力有限，适老家电的功能操作步骤尽可能简便，不增加老年人的学习成本；鉴于老年人的身体状况，设计老年人易操作的家电，以不弯腰、少弯腰、少抬胳膊为原则，增加设备联动、家居场景，减少老年人的体力劳动；鉴于老年人需要被照顾的原则，增加摄像头方便子女照看。这些都是老人最实际的诉求，老年人作为弱势群体，他们的权益更需要有权威机构和专业人员为其发声、维护。

图 4-23　智能适老认证标识

图 4-23 为智能适老认证标识，核心元素是一位老人，其身后用一个爱心表达我们对老年人的关爱。

5. 信息技术安全认证

智慧生活离不开数据信息，从智能移动端到产品端，再到平台端、云端间的运算与传输的正确与否、安全与否，关乎每个家庭、每个成员的隐私及切身安危。智能家电为我们的生活带来便利的同时，也带来了相比于传统家电更多的隐患。一次案例演讲者仅通过超声波攻击苹果 Siri、谷歌 Now 等语音助手就可以发送短信、邮件、拨打电话、打开网页，甚至直接在目标用户手机上植入木马。2019 年就有研究人员发现了一种流行的智能锁漏洞，攻击者可以利用这些漏洞远程开门并闯入房屋。家电在家庭中更加贴近人们的隐私及生活，家电一旦被黑客甚至恐怖分子恶意攻击，轻则侵犯人们的隐私并造成设备连续运行以至于超过额定工作强度最终毁坏，重则引发火灾、爆炸等，影响社会稳定，危及国家安全。

随着我国对信息安全，众多对个人信息保护的重视，越来越多的制造商注意到除了产品本身可视功能的提升，众多看不到的信息传输链条同样需要加大保护力度。

面对看得见的智能产品，我们不可能在选购时实际验证功能，面对这种看不见又危及安全的情况，普通消费者无计可施。那么接下来要介绍的就是解决问题的方法，看产品介绍获证情况。若商品有智能家居信息安全保障等级认证证书（图 4-24 为智能家居信息技术安全认证标识），则可以放心购买。此认证标识与互联互操作认证标识类似，分为 A 级和 B 级，A 级明显高于 B级，其用最简化的表述方式为用户传导出复杂测试后的结论。

图 4-24　智能家居信息技术安全认证标识

## 第五章
# 智能家居的未来

在人工智能技术的加持及消费升级的潮流下，智能家居行业成为备受瞩目的新兴产业，而智能家居庞大的市场红利也吸引了传统的家电生产商、互联网通信商、手机生产商等涌入这个赛道。这两年，随着5G、人工智能、大数据等技术的融合发展，智能家居逐渐进入全屋智能的探索时期，而全屋智能也是智能家居的终极发展方向。

国际数据公司（International Data Corporation，IDC）发布的中国智能家居设备市场季度跟踪报告显示，2021年上半年，中国智能家居设备市场出货量约1亿台，同比增长13.7%；2021年全年出货量约2.3亿台，同比增长14.6%。报告预计，未来5年中国智能家居设备市场出货量将以21.4%的复合增长率持续增长，2025年市场出货量将接近5.4亿台。

数据显示，2016—2020年中国智能家居市场规模不断扩大。其中2016年为620亿元，2020年为1705亿元。预计2022年将达到2175亿元（图5-1）。

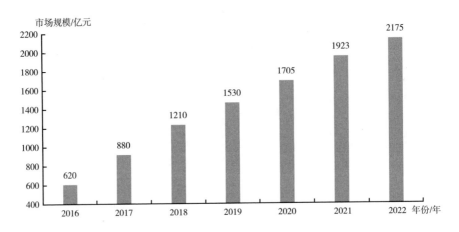

图5-1　2016—2022年中国智能家居市场规模及预测

数据来源：i iMedia Research（艾媒咨询）。

各行业的排头兵纷纷加入战局，既有小米、华为等手机厂商，也有阿里巴巴、百度、京东等互联网巨头，还有格力、美的、海尔等家电巨头。其中，小米和华为等手机厂商基本以手机入局，也有自己的智能家居连接系统，而百度和阿里巴巴进入智能家居市场的第一款硬件设备都是智能音箱，家电厂商则直接将家电产品升级，置入各种语音助手、自动调节温度等功能。

华为公司认为，智能家居的终极发展方向是全屋智能。它的实质已超越传统家装、家具家居和家电领域，而是基于家庭的"云边端芯网"技术融合，是同时面向B端和C端受众的一套系统级解决方案（图5-2）。

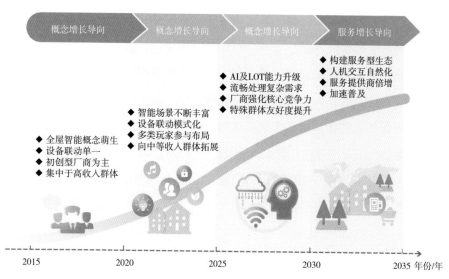

图 5-2　我国全屋智能解决方案市场发展趋势

华为正式推出了"一个主机 + 两张网 +N 套系统"的全屋智能解决方案，其中 1 个主机为搭载 Harmony OS 的中央控制系统，采用模块化设计的全屋智能主机，这相当于智慧家庭的大脑，利用信息和逻辑运算，控制协同全屋智能硬件之间的互联，也是实现全屋智能智慧化、学习成长的基础。两张网络：一张是家庭物联网，另一张是家庭互联网，这相当于智慧家庭的神经中枢，用来传达和控制由智能主机发出的指令。

家电厂商也在向着套系家电的方向努力，这也是全屋智能解决方案的一部分。近年来，随着"万物互联"态势的逐渐成形，人们对沉浸式、场景式体验有了更深入的追求，简单的拼接组装已不再是套系家电赛道的起点，产品互联、人机互联甚至 AI 互联才是套系家电追求的新标准。

说了这么多，谈到智能家居未来的发展方向，不如让我们看看智能界先行企业的看法。

华为消费者业务 AI 与智慧全场景业务部总裁王成录表示：未来的智能家居将会以消费者的衣食住行为核心，畅想未来的智能家居，希望是各种设备智能化后的一个传感器，能够感知每个人的特征，会自主判断成员的身体状况并与之产生关系，如饮食环境、睡眠等，为其提供最适合的饮食、睡眠环境、学习环境和放松环境等。

智能家居未来的发展空间是非常大的，从移动互联网到物联网，它不是延续性发展的，我认为它是飞跃式发展的。质的飞跃能不能发生，取决于每个单体设备的智能化，这是非常基础的，更重要的是智能化设备之间是否能够充分融合，不只是互联，这中间涉及很多关键技术。

第一个是操作系统。你可以将它理解为硬件沟通的语言，如果说硬件设备之间语言都不通，就像人与人的交流不通一样，如有人说"中文"、有人说"德语"、有人说"法语"，交流起来会非常麻烦，现在有各种各样的方法，如网关等，但这种方式满足不了消费者的全部要求。因此创造一种大家都能够认可，而且技术领先的系统，让说不同"语言"的智能设备之间互联互通很重要。

第二个是AI。未来市场离不开AI技术，但绝不只是AI技术，尤其在智能家居领域，希望看到未来AI可以和生命科学相关的知识结合，把用户的需求和AI技术结合，这样才能真正做到场景个性化。

美的集团副总裁兼首席信息官张小懿表示：未来的智能家居，美的期望是让用户真正"躺平"的，实现"衣来伸手饭来张口"，其他的全部由小蓝（机器人）去干。智能家居新时代给了美的机会，要从用户的衣食住行和其在家里所有的活动出发，要研究如何通过技术把用户的需求融合，现在技术非常多，但是真正让用户感受好的技术，不能只停留在实验室，要把它推向千万个家庭，让用户持续不断地使用，然后数据闭环到智能场景研究，持续不断地实现产品和服务的迭代。

复旦大学计算机科学技术学院邱锡鹏教授表示：未来的智慧家居是可以让每个人都按自己希望的生活方式生活，提供更好的体验，整个智慧家居可以互联互通，并且有一个超强的中心式服务的概念，它能感知你的一切，包括辨别不同家庭成员的性格、使用习惯、偏好等。我们需要在智能家居应用融入更多人工智能的因素，用强大的人工智能算法为我们创造更多的智能应用。

目前，智能家居硬件的基础设施已经具备，目前的挑战还是聚焦在 AI 方面。大家现在熟悉的 AI 应用，它的成功之处是面向具体任务的专门化 AI 应用，如会下象棋的 AI，但是在智能家居的场景下，需要的 AI 算法更具备各式各样通用的任务处理能力，这对目前 AI 算法来说是非常大的挑战。另外，如果把家里各种各样的智能设备都看成智能体，这些智能体之间的互通在 AI 领域的研究比较少，这是一种类似于全智的概念，智能设备之间如何进行交互，从而涌现出全体智能，这也是非常有挑战的。

总的来说，我们需要什么，智能家居发展的方向就是什么。万物互融，智能家居让有品质的绿色生活有迹可循。

# 参考文献

［1］智能家居功能多样 2015 年迎产业爆发高峰［EB/OL］. https://sh.zol. com.cn/517/5174167.html.

［2］埃弗雷特·罗杰斯. 创新的扩散［M］. 唐兴通，郑常青，张延臣， 译 . 北京：电子工业出版社，2016.

［3］浅析笛卡尔身心二元论［EB/OL］. https://www.jinchutou.com/p- 60508420.html.

［4］阿莱克斯·彭特兰. 智慧社会·大数据与社会物理学［M］. 汪小帆，汪 容，译. 杭州：浙江人民出版社，2015.

［5］中国尽早实现二氧化碳排放峰值的实施路径研究课题组 . 中国碳排放 / 尽 早达峰［M］. 北京：中国经济出版社，2017.

［6］麦肯锡环球研究院 . 大数据：创新竞争和提高生产率的下一个新领域 ［EB/OL］. https://www.doc88.com/p-8488523313673.html? r=1.